草地保护学实验教程

班丽萍　主编

中国农业大学出版社

·北京·

内 容 简 介

　　全书主要涵盖草地保护学领域中所涉及的主要有害生物,包括病虫鼠害 3 大部分,共 20 个实验,实验 1～9 分别为草地害虫的识别特征、常见种类、危害特点、生活习性、发生规律及防治方法等内容;实验 10～16 分别为草地病害的病征症状,识别特点,不同草地上的常见病害,病害的调查方法,病害标本的采集、制作,草地病害的防治技术与策略等;实验 17～20 分别介绍了草原啮齿动物识别特征、生活习性、发生规律及防治方法等内容。旨在让学生了解和掌握我国主要牧草和饲料作物重要病虫鼠害的种类、识别特征和发生发展规律及其综合防治技术和措施。本书除作为高等院校草地科学类各专业教材外,也可供植物保护等其他相关专业学生知识拓展参考。

图书在版编目(CIP)数据

草地保护学实验教程 / 班丽萍主编. —北京:中国农业大学出版社,2019.11
ISBN 978-7-5655-2313-7

Ⅰ.①草… Ⅱ.①班… Ⅲ.①草原保护-实验-高等学校-教材 Ⅳ.①S812.6-33

中国版本图书馆 CIP 数据核字(2019)第 270875 号

书　　名	草地保护学实验教程		
作　　者	班丽萍　主编		
策划编辑	梁爱荣	**责任编辑**	梁爱荣　张士杰
封面设计	郑　川		
出版发行	中国农业大学出版社		
社　　址	北京市海淀区圆明园西路 2 号	**邮政编码**	100193
电　　话	发行部 010-62733489,1190	**读者服务部**	010-62732336
	编辑部 010-62732617,2618	**出　版　部**	010-62733440
网　　址	http://www.caupress.cn	**E-mail**	cbsszs@cau.edu.cn
经　　销	新华书店		
印　　刷	涿州市星河印刷有限公司		
版　　次	2019 年 11 月第 1 版　2019 年 11 月第 1 次印刷		
规　　格	787×980　16 开本　7.25 印张　135 千字		
定　　价	22.00 元		

图书如有质量问题本社发行部负责调换

编写人员

主　　编　　班丽萍　　（中国农业大学）

副 主 编　　邓　波　　（中国农业大学）

　　　　　　李克梅　　（新疆农业大学）

参编人员　　闫　哲　　（北京农学院）

　　　　　　牙森·沙力（新疆农业大学）

　　　　　　任金龙　　（新疆农业大学）

　　　　　　王丽丽　　（新疆农业大学）

　　　　　　刘　琦　　（新疆农业大学）

　　　　　　吕进英　　（中国农业大学）

前　　言

　　草地保护学是我国草学专业的主干核心课程之一。自 20 世纪 60 年代初以来,国内一些高等农业院校开设了草原保护学等课程。选用的教材主要为宋恺、冯光翰和刘若分别主编的《草原保护学(第一分册)—啮齿动物学》《草原保护学(第二分册)—草原昆虫学》和《草原保护学(第三分册)—牧草病理学》(1984 年),随后几次再版,形成目前全国农业院校草学专业本科生教材《草地保护学》(刘长仲主编,2015 年)。尽管相关教材已出版多年,但教学中与之配套的实验教材少之又少,这给教学带来许多困难,教师和学生都深感不便。为满足目前草地保护人才培养的需要,我们根据草学专业本科教育教学计划及课程设置的要求,突出产、学、研相结合,综合草地保护各主要分支学科,编写了《草地保护学实验教程》。实验内容力求与教材相辅相成,为读者更好地掌握草地保护专业相关知识提供帮助。

　　本教材由中国农业大学、新疆农业大学和北京农学院部分教师共同编写,编写分工为:昆虫部分由班丽萍、闫哲、牙森·沙力、任金龙、吕进英编写;病理部分由李克梅、王丽丽、刘琦编写,鼠害部分由邓波编写。全书最后由班丽萍统稿和定稿。

　　本教材的编写得到了中国农业大学出版社及各参编者所在院校的大力支持,戴雯婷同学完成了本教材部分内容的文本编辑工作,谨此鸣谢。编写中参考了大量教材、专著和论文,在此一并表示感谢。另外由于篇幅原因,对于配套教材中已有的一些图,在此不再重复,对此还请读者使用时注意。

　　由于编者的水平有限,书中不足、疏漏之处在所难免,恳请读者指正,以便再版时完善和提高。

编　者

2019.10

目　　录

实验 1　昆虫的外部形态和生物学特性观察

1.1　实验目的

（1）了解昆虫体躯的基本构造和特征；

（2）掌握昆虫触角、口器、胸足、翅的基本构造及类型，了解昆虫外生殖器的一般构造；

（3）认识昆虫的变态类型及相应的不同发育阶段各种主要类型的形态特征。

1.2　实验材料及用具

（1）标本　昆虫玻片标本、针插标本、昆虫液浸标本、昆虫的生活史标本。

（2）用具　解剖针、镊子、剪刀、蜡盘、体视显微镜。

1.3　实验内容及步骤

1.3.1　昆虫体躯基本构造的观察

取一头飞蝗，侧放于蜡盘内，用大头针自后胸插入，固定在蜡盘上，将盖在体背上的前翅和后翅拉开，分别用大头针固定在蜡盘上，使两翅向上伸展而不遮盖体躯。

（1）观察体躯　观察体躯分段、分节及排列情况。蝗虫的体躯表面坚硬的表皮为外骨骼，它们的体躯和附肢都是分节的，体躯一般由 18 或 20 个原始体节组成，各体节按其功能的不同又趋向于"分段集中"，构成了头、胸、腹 3 个体段。

（2）观察头部　头部是取食中心和感觉中心，由 4 或 6 个体节愈合而成，头壳上已找不到分节的界限；头部着生有口器、眼和触角；分别观察它们着生的位置和数目。

　　(3)观察胸部　　胸部是运动的中心,由 3 个体节组成,分节明显,3 个体节虽然不愈合,但彼此紧密结合,不能自由活动,分别称为前胸、中胸和后胸;中胸、后胸的背侧各着生有 1 对翅,分别称为前翅和后翅。各节侧腹面各着生 1 对足,分别称前足、中足和后足。在中胸、后胸的两侧各着生 1 对气门。观察各体节连接的紧密程度,足的分节情况,以及前翅、后翅质地的差异。

　　(4)观察腹部　　腹部是消化中心、呼吸中心、新陈代谢中心和生殖的中心,由8～11 节组成,分节明显,节与节之间以节间膜连接;用镊子轻拉其腹末,观察各体节间的连接方式和相对位置。在 1～8 腹节的两侧各着生 1 对气门,气管系统通过气门与外界沟通,腹部末端着生有附肢演化来的尾须、外生殖器和肛门,观察它们着生的位置和数目。

1.3.2　观察蝗虫头部的构造

　　(1)额唇基沟　　又叫口上沟,位于两个上颚前关节之间,是额与唇基的分界线,沟上面部分为额区,沟下面部分为唇基。在沟的两端有两个陷口,称前幕骨陷,内陷形成臂状的内骨骼——幕骨前臂。额和唇基统称额唇基区。

　　(2)额颊沟　　额颊沟是由上颚前关节向上伸至复眼下的沟,为额和颊的分界线。两沟中间的区域为额区,沟的外侧部分为颊。此沟在高等昆虫中已消失。

　　(3)后头沟　　是由两上颚的后关节向上环绕头孔的第二条马蹄形的沟。沟后的狭窄骨片称后头,颊后的部分称后颊。

　　(4)次后头沟　　是环绕头孔的第一条马蹄形沟,在近沟两侧下端的两个陷口称后幕骨陷,内陷形成幕骨后臂,沟后的骨片称次后头,次后头与颈膜相连,因此,必须将头拉出来才能观察到,并能看到侧面有一两个后头突,是颈部侧颈片的支接点。

　　(5)颊下沟　　是由额唇基沟至次头沟间的一条横沟,沟下的部分称颊下区。

　　(6)蜕裂线　　是头顶中央的一条倒“Y”形线,常为额的上界。此线在不同的昆虫中变异很大。

　　此外,头壳的上面部分为头顶,和颊合称为颅侧区,前面以额颊沟,后面以后头沟为界。

1.3.3　观察昆虫的头式

　　昆虫的头式常以口器在头部着生的位置而分成 3 类。

　　(1)下口式　　口器向下,与身体的纵轴垂直。如蝗虫、黏虫等。

（2）前口式　口器向前，与身体纵轴平行。如步甲、草蛉幼虫等。

（3）后口式　口器向后斜伸，与身体纵轴成一锐角，不用时常弯贴在身体腹面。如蝽象、蝉、蚜虫等。

1.3.4　昆虫触角的结构和类型观察

昆虫的触角一般着生在额区，具有感觉、嗅觉和听觉等功能，形状变化很大，但基本构造相同，都是由柄节、梗节和鞭节组成。以蝗虫的触角为例，观察以下各部分。

（1）柄节　柄节是触角基部的第一节，短而粗大，着生于触角窝内，四周有膜相连。

（2）梗节　梗节是触角的第二节，较柄节小。

（3）鞭节　鞭节是触角的端节，由许多亚节组成。一般昆虫触角的变化是在梗节和鞭节上。

观察各种类型的触角标本，并注意柄节、梗节、鞭节的变化及昆虫因雌雄不同触角发生的变化。

1.3.5　昆虫口器结构和类型的观察

（1）咀嚼式口器的基本构造　昆虫因食物和取食方式的不同，口器也有相应的变化。但都是由一个最基本的和原始的咀嚼式口器演化而来的。蝗虫的口器是由 1 片上唇、1 对上颚、1 对下颚、1 片下唇和舌 5 部分组成，是典型的咀嚼式口器。

取蝗虫头部 1 个，先用镊子拉动其各部分，注意它们的活动方向，然后进行解剖。首先用镊子取下悬在唇基下面的 1 片上唇，再按左右方向取下上颚，将头部反转沿后头孔上下方向将下颚取下，注意不要把基部拉断，最后将下唇和舌取下。将取下的各部分依次排列在玻片上，分别观察其形态特征。

（2）刺吸式口器的基本构造　取蝉 1 头，将其腹面朝上，观察口器。上唇为 1 个三角形小片，上、下颚延长成一细长的口针，下唇延长为喙，其背面中央有 1 细纵沟，用以包藏口针，一般有 3 节。用解剖针从基部沟内轻轻将口针挑出，可分为 4 根，先分开的两根为 1 对上颚，余下不易分开的两根为 1 对下颚，1 对上颚口针包在 1 对下颚口针的外面两侧，1 对下颚口针的里面有 2 条槽形成的粗细两管，即吸收液体的食物管和分泌唾液的唾管。舌位于口前腔内，其背壁与唇基形成食窦唧筒，其两侧即舌侧叶并入头壳，位于后唇基两侧。

（3）观察各种口器构造及变异　观察嚼吸式口器、舐吸式口器、虹吸式口器、刮吸式口器的构造,了解各口器的变异情况和取食方法。

1.3.6　昆虫胸足的结构和类型观察

（1）胸足的基本构造　胸足是胸部的附肢,昆虫每一胸节各有 1 对,分别称为前足、中足和后足,着生在胸部侧腹面。足的变化很大。同种昆虫的 3 对足因功能不同,形状也不同,但基本构造一致,均由 6 节组成。从基部向端部依次称为基节、转节、股节、胫节、跗节和前跗节。基节着生在基节窝内,以膜与胸部相连接。注意观察飞蝗前跗节的 2 个侧爪及爪间的中垫。跗节下面的垫状构造则称为跗垫。在虻和蝇类等昆虫中,爪间常有刺或爪下有垫物,称为爪间突和爪垫。

（2）足的类型　昆虫的足绝大多数都用于支持身体和行动。但由于生活环境及习性的不同,有些昆虫的前足或后足变化成各种不同形状和功能的器官。

观察各类型昆虫胸足的玻片标本:步行虫、蝗虫后足、蝼蛄前足、螳螂前足、蜜蜂后足等。

1.3.7　昆虫翅的形状、质地和表面的特征以及翅脉的观察

（1）观察翅的基本构造　取蝗虫 1 头,观察蝗虫翅的基本构造,观察后翅的 3 缘（前缘、外缘和内缘）3 角（肩角、顶角和臀角）,臀前区和臀区的位置。观察后翅的形状,区分翅面的分区。

（2）观察翅的类型　昆虫由于种类和翅的功能不同,因此翅的质地、大小、形状等也不同。同一种昆虫的前后翅也可以不同。观察以下昆虫翅的类型:①蝗虫的前翅（复翅）:质地坚韧,半透明,皮革质,复在后翅上面;②金龟子的前翅（鞘翅）:质地坚硬,角质,不透明,用来保护后翅;③蝽的前翅（半鞘翅）:基半部为角质,端半部为膜质;④蜜蜂的前后翅（膜翅）:质地一致,膜质,透明,翅脉明显可见;⑤蝶蛾类的前后翅（鳞翅）:翅面复盖有鳞片;⑥石蛾的前后翅（毛翅）:翅面有毛;⑦蓟马的前后翅（缨翅）:翅缘有长毛似缨;⑧蚊和蝇的后翅（平衡棒）。

（3）脉序及其变化的观察　脉序是翅脉在翅面上的分布形式。观察石蛾脉序。石蛾（毛翅目）前翅脉序近似模式脉序,只是 C 合并于前缘 Cu_2 不甚明显,A 合并仅基部分开,与模式脉序图（图 1-1）作对比,辨认它的脉序。

1.3.8　昆虫外生殖器的观察

（1）雌性外生殖器——产卵器　以蝗虫为例进行观察,产卵器位于第 8 腹节和第 9 腹节的腹面,主要由 3 对产卵瓣组成。第 1 对着生在第 8 腹节的第 1 载瓣片

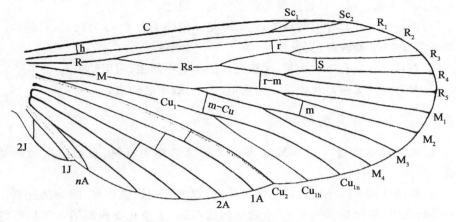

图 1-1　昆虫翅的模式脉序图

（仿 Ross）

上,称为腹产卵瓣(或第 1 产卵瓣);第 2 对和第 3 对均着生于第 9 腹节的第 2 载瓣片上,分别称为内产卵瓣(或第 2 产卵瓣)和背产卵瓣(或第 3 产卵瓣)。生殖孔开口在第 8 腹节或第 9 腹节的腹面。

由于昆虫的种类不同,适应的产卵环境不同,产卵器的形状和构造都有许多变异。如蝗虫的产卵器呈短锥状,蟋蟀和螽斯的产卵器呈矛状和剑状,叶蝉的产卵器呈刀状,叶蜂和蓟马的产卵器呈锯状,蜜蜂的产卵器特化为螫针。还有的昆虫,如鞘翅目、双翅目、鳞翅目等,没有由附肢特化成的产卵器,仅腹末数节逐渐变细,互相套叠成可伸缩的具有产卵功能的构造,称为伪产卵器。

(2)雄性外生殖器——交配器　雄性外生殖器通常称为交尾器或交配器。位于第 9 腹节腹面,构造比较复杂,具有种的特异性,以保证自然界昆虫间不能进行种间杂交,在昆虫分类上常用作种和近缘种类群鉴定的重要特征。交配器主要包括一个将精液射入雌体内的阳具和一对抱握雌体的抱握器。观察蝗虫雄虫,用镊子轻轻拉下生殖板,可见其阳具呈钩状,无抱握器。

1.3.9　昆虫幼虫类型的观察

昆虫幼虫有以下共同特征:无复眼,无翅或翅芽,触角很不发达或完全退化。根据幼虫足的发达程度,可以将幼虫分为 4 大类。

(1)原足型　很像一个发育不完全的胚胎,腹部分节或不分节,胸足和其他附肢只是几个突起。膜翅目寄生蜂类的早期幼虫属之。

（2）多足型　除具 3 对胸足外，还有腹足。蛾蝶类有 2～5 对腹足，有趾钩。叶蜂类通常有 6～8 对腹足，无趾钩。

（3）寡足型　只有 3 对胸足，无腹足。如金龟甲幼虫、叩甲幼虫。

（4）无足型　无胸足和腹足。如象甲、天牛、蚊子的幼虫。

1.3.10　昆虫蛹类型的观察

（1）蛹的基本构造　以小地老虎或菜粉蝶的蛹为材料，观察昆虫蛹的基本构造。

（2）蛹的性别　以小地老虎的蛹为代表，观察鳞翅目昆虫雌、雄蛹的区别。在一般情况下，雌蛹腹部第 8～9 节后缘向前弯曲，生殖孔在腹部第 9 节后缘的中央。雄蛹腹部第 8～9 节后缘不向前弯曲，生殖孔在第 9 腹节腹板的中央。肛门位于第 10 节腹板中央。

（3）蛹是全变态　昆虫所特有的一种虫态，按其外形可分为 3 类。①离蛹。触角、足和翅裸露在体外，不紧贴体上，可以活动。鞘翅目、膜翅目、脉翅目等具有这种蛹。②被蛹。触角、足和翅紧贴体上，在体壁上可以透视，但不能动。鳞翅目具有这种蛹。③围蛹。蛹体被最后一龄幼虫蜕下的表皮所形成的一个角质化的桶形外壳。为双翅目的蝇类所特有。

1.3.11　昆虫的虫态和变态类型的观察

（1）不全变态类　若虫（幼虫）和成虫体形比较相似，成虫有发达的翅，而若虫只有翅芽，为不全变态类的渐变态。①飞蝗：蝗蝻（若虫）和成虫体形比较相似，成虫有发达的翅，而蝗蝻只有翅芽，为不全变态类的渐变态。②蜻蜓：属不全变态类的半变态。幼虫和成虫基本构造比较相似，但某些器官形态有较大的差异，成虫有细长的腹部，而幼虫腹部粗壮而短，口器为咀嚼式，但幼虫的下唇特别长，覆在头的前方成"口罩"。③衣鱼：属不全变态类的表变态。其特点是各龄若虫和成虫之间，除触角及尾须环节数目、外生殖器的生长分化，以及体形大小之外，均无其他差异。即从卵孵出的幼虫已基本具备成虫特征，在胚后发育中仅个体增大，性器官成熟，触角及尾须数目增多，鳞片及刚毛增长有变化，但这些变化不很明显。

（2）完全变态类　成虫与幼虫显然不同。幼虫生长到最后，必须经过蛹才能变为成虫，幼虫各龄期除体型大小有差异外，别无其他差异。此类幼虫的特点是无复眼和外生翅芽。如鳞翅目、鞘翅目、膜翅目、双翅目昆虫。

1.4　实验报告

（1）绘制蝗虫体躯基本构造图，并标明各部分的名称。

（2）绘石蛾前翅脉序，注明各脉的名称。

（3）列表比较 10 种昆虫前足、中足和后足的类型，触角的类型和口器类型。

（4）根据生活史标本，列出 5 种昆虫的幼虫、蛹的类型。

实验 2 草地常见昆虫主要目科观察

2.1 实验目的

（1）掌握直翅目、半翅目、同翅目、缨翅目、脉翅目、鳞翅目、鞘翅目、膜翅目、双翅目的特征及分类方法；

（2）认识直翅目、半翅目、同翅目、缨翅目、脉翅目、鳞翅目、鞘翅目、膜翅目、双翅目的主要科。

2.2 实验材料及用具

（1）标本 昆虫针插标本、昆虫液浸标本。

（2）用具 解剖针、镊子、剪刀、蜡盘、体视显微镜、放大镜。

2.3 实验内容及步骤

2.3.1 直翅目（Orthoptera）

（1）以东亚飞蝗为代表观察直翅目特征

触角短于体长；将前后翅揭起，在第 1 腹节两侧有一个陷入的鼓膜听器；跗节 3 节或更少，后足跳跃式，这代表锥尾亚目（Caelifera）的特征。观察其前胸背板，盖住中胸，但不盖住腹部，3 对足跗节均为 3 节，这代表锥尾亚目中的蝗科（Acrididae）的特征。继续观察其前胸背板，平坦光滑，没有突起；头顶钝圆；将前翅拉起，找到中脉区（一个长形的翅室），区内有一条游离的纵脉，脉上有许多细小粒状突起，位置靠近 Cu 脉，称为"中闰脉"，这代表锥尾亚目蝗科飞蝗亚科的特征。

（2）观察蚱科（Tetrigidae）主要特征

取日本菱蝗观察，触角短于体长；前胸背板向后延伸，盖在腹部背面，末端尖，菱形；跗节 2-2-3 式；前翅退化，后翅发达。

（3）观察剑尾亚目（Ensifera）蟋蟀科（Gryllidae）特征

取蟋蟀观察，触角长于体长；雌性产卵器长矛状；听器在前足胫节两侧，鼓膜外露，称"开式"鼓膜；跗节 3 节。

（4）观察螽蟖科（Tettigoniidae）特征

取螽蟖观察，触角长于体长；雌性产卵器刀状；听器在前足胫节两侧，但鼓膜被遮盖，仅留细缝，称"闭式"鼓膜；跗节 4 节。

（5）观察蝼蛄科（Gryllotalpoidae）特征

取蝼蛄观察，触角短于体长；雌性产卵器不外露；前足开掘式。

2.3.2　半翅目（Hemiptera）

（1）观察以蝽为代表的半翅目主要特征

口器为刺吸式，由头的前端伸出，折向头胸之腹面；翅 2 对，前翅基半部革质，端半部膜质，称为半鞘翅。拉开前翅观察，基部有加厚的"革片"，革片之下为三角形的"爪片"，端部膜质称为"膜片"，后翅膜质，翅脉变化较大。

观察背面，胸部有显著的两个骨片，一个是前胸背板，通常为六角形，2 个前角、2 个侧角（或称肩角）和 2 个后角，各角之间的边缘分别称为前缘、侧缘、后侧缘和后缘。另一个是小盾片，多为三角形，三角形的底称为小盾片的基部，顶角称为末端，两侧称为侧缘，前胸背板和小盾片的大小。

观察头部，复眼于头的两侧，两复眼之间的稍后方有两个单眼，头的前端被纵沟分为 3 片，中间的为中片，是"唇基端"，两侧为侧片，每侧片的外侧下方，各伸出一条触角。观察腹面，后胸侧板的前缘靠近中足基节处有 1 个"臭腺孔"，由此分泌臭液。

（2）观察盲蝽科（Miridae）特征

成虫触角 4 节；无单眼；喙 4 节；前翅分为革区、楔区、爪区、膜区 4 个部分，膜区脉纹半圆形，被一条纵脉分为 2 个翅室。

（3）观察长蝽科（Lygaeidae）特征

成虫体椭圆形至长椭圆形；头短，触角 4 节，有单眼；前翅膜区上有 4～5 条简单的翅脉；跗节 3 节。

（4）观察蝽科（Pentatomidae）特征

成虫体扁平，盾形，前胸背板六边形；触角 5 节；前翅分为革区、爪区、膜区 3 部分；膜区上有多条纵脉，多从一基横脉上分出；中胸小盾片发达，超过前翅爪区的长度；臭腺发达。

（5）观察缘蝽科（Coreidae）特征

成虫体狭长，两侧缘略平行，腹部中段膨大；头窄于前胸背板；触角 4 节，有单眼，喙 4 节；中胸小、盾片小，不超过前翅爪区的长度；前翅膜区有多数分叉纵脉；跗节 4 节。

（6）观察猎蝽科（Reduviidae）特征

成虫喙短，3 节，基部弯曲，不能平贴在身体的腹部，端部尖锐；前翅仅分为革爪、爪片和膜片，无缘片和楔片，膜区基部有 2 个翅室。

（7）观察姬蝽科（Nabidae）特征

成虫体瘦长，喙 4 节，超过前胸腹板，前胸背板狭长；前翅膜区上有 4 条纵脉，形成 2～3 个长形闭室；前足捕捉式，跗节 3 节，无爪垫。

2.3.3　同翅目（Homoptera）

（1）观察以蝉为代表的同翅目特征

从头部腹面可观察到，口器刺吸式，从头的后方生出；前翅质地均一，左右翅呈屋脊状覆于体背，不重叠；触角刚毛状；跗节 3 节；翅脉发达，前翅至少有 4 条脉从基部发出；雌性有 3 对产卵瓣形成的产卵器。

（2）观察蝉科（Cicadidae）主要特征

成虫个体较大，触角刚毛状，单眼 3 个；前足腿节粗，下方多刺，呈挖掘式；前翅膜质透明，脉纹粗，雄虫腹部第 1 节有发达的发音器。

（3）观察叶蝉科（Cicadellidae）特征

成虫体型小，触角刚毛状；前翅皮革质，后翅膜质；后足基节横向着生，后足胫节下方有列刺状毛。

（4）观察蜡蝉科（Fulgoridae）特征

成虫中到大型，肩板大；前后翅均发达，膜质，前翅端区翅脉多分叉，并多横脉，构成网状，后翅臀区翅脉也呈网状。

（5）观察飞虱科（Delphacidae）特征

成虫体小型，触角锥状；后足胫节外侧有 2 个刺，末端有一显著的能够活动的扁平的距。

（6）观察盾蚧科（Diaspididae）特征

雌性介壳近圆形，略隆起，由黄色的两层蜕皮和灰色的丝质分泌物重叠而成，蜕皮位于近中央，雌虫体近圆形，黄色。取玻片标本，在显微镜下仔细观察，头和前胸愈合，中后胸和腹部前节分节明显；后数节合为一整块骨板，称臀板。臀板背面和腹面分别开口有肛门和生殖孔以及不同大小和长度的圆柱形腺管的孔。臀板边缘有成对的附器分布：叶状而厚的为臀叶，薄而分枝的为臀栉，刺状的为腺刺，其内通有分泌腺；臀板上还有皮棍，触角退化成疣状，气门 2 对，完全无足。雄虫若虫介壳较雌虫介壳为小，椭圆形，两侧边近平行。蜕皮壳突出于前端，颜色和质地同雌的一样，雄成虫触角丝状，10 节，单眼 4～6 个，交配器狭长。

（7）观察蚜科（Aphididae）特征

成虫小型，触角 6 节，在末节基部的顶端和末前节的顶端各有一圆形的原生感觉孔。有翅个体有单眼，无翅个体无单眼，有翅个体的前翅比后翅大，前翅有明显的翅痣，亚前缘脉，径脉，中脉及第一肘脉基部愈合；腹部在第 6 节背面有 1 对腹管，腹末有尾片。

（8）观察绵蚜科（Eriosomatidae）特征

成虫小型，前翅中脉减少或不分叉；腹管退化成盘状或完全没有；触角的次生感觉孔呈横带状或不规则的圆环形；有发达的蜡腺，体被白色绵状的蜡质。

2.3.4　缨翅目（Thysanoptera）

（1）取玻片标本在显微镜下仔细观察缨翅目特征

微小昆虫，体细长，略扁；头式为下口式，略带后口式（头向后倾斜），呈圆锥形突出，上唇、上颚与下颚左右不对称，左上颚刺状，右上颚退化，下颚一部分刺状；足的跗节末端呈泡状，无爪，前后翅狭长，有许多缨毛围绕着，翅脉极退化。

（2）观察锥尾亚目（Terebrantia）蓟马科（Thripidae）特征

触角 6～8 节；翅的表面有微细的毛，前翅有一缘脉，至少有一纵脉直达翅端；雄性腹部末端通常为圆形，雌性腹部末端为圆锥形，有锯状产卵器，尖端向下弯曲。

（3）观察锥尾亚目纹蓟马科（Aeolothripidae）的特征

触角 9 节；翅较阔，前翅末端圆形，围有缘脉，有明显的横脉；锯状产卵器尖端向上弯曲。

（4）观察管尾亚目（Tubulifere）皮蓟马科（Phloeothripidae）特征

翅的表面光滑无毛，前翅没有翅脉；腹部末节雌雄都是管状，雌性无外露产卵器；触角 4～8 节，有锥状感觉器，下颚须与下唇须均 2 节，腹部第 9 节阔过于长。

2.3.5　脉翅目（Neuroptera）

（1）取草蛉成虫观察脉翅目特征

头下口式，口器咀嚼式，前胸短小，翅 2 对，前后翅均为膜质，大小和形状相似，脉纹密而多，呈网状，到边缘多分叉。

（2）观察草蛉科（Chrysopidae）特征

成虫体细长，瘦弱，复眼大，无单眼；触角线状；R_s 脉不分叉；从正面观察草蛉，有 9 个黑斑。

（3）观察褐蛉科（Hemerobiidae）特征

成虫触角念珠状；无单眼；前翅前缘区横脉多分叉，R_s 2～4 分支。

（4）蚁蛉科（Myrmeleontidae）的特征

成虫触角短于体长的 1/2，末端膨大呈棒状；翅痣下室极长；腹部细长。

（5）蝶角蛉科（Ascalaphidae）的特征

成虫触角长，几乎等于体长，棒状；复眼大；翅痣下室短。

2.3.6　鳞翅目（Lepidoptera）

（1）观察以小地老虎为代表的鳞翅目特征

观察复眼，虹吸式口器；观察前后翅，了解基横线、内横线、中横线、外横线、亚缘线、缘线以及环状纹、肾状纹、楔形纹、新月纹的位置和特点。观察小地老虎成虫，前后翅翅缰连接，同时对比观察菜粉蝶成虫标本。

（2）观察凤蝶科（Papilionidae）特征

成虫体型较大；触角棒状；前后翅均无 Cu_2；后翅外缘波状，臀角常有一尾状突起；前足正常，有前胫突。

（3）观察弄蝶科（Hesperiidae）特征

成虫头宽大于或等于胸宽；触角基部远离，末端棒状，弯曲呈钩状；前翅三角形，前后翅均无 Cu_2；后足胫节有 2 对距。

（4）观察粉蝶科（Pieridae）特征

成虫触角棒状；体中等大小，前足正常，爪两分叉；前翅臀脉 1 条，后翅臀脉 2 条。

（5）观察灰蝶科（Lycaenidae）特征

成虫体小型，翅反面较暗，有眼斑或细纹；触角有白色的环；复眼周围白色；前翅 M_1 着生于中室的前角。

（6）观察夜蛾科（Noctuidae）特征

成虫体多粗壮，前翅略窄而后翅宽。前翅 M_2 基部近 M_3 而远 M_1；后翅 S_c+R_1 脉在近基部处与中室有一点接触又复分离，造成一个小型基室。

（7）观察毒蛾科（Lymantriidae）特征

成虫无单眼；喙退化；胸、腹部被长鳞毛；前翅 M_2 分出处于中室下角，后翅基室较大，R_s 与 M_1 合成短柄。

（8）观察螟蛾科（Pyralidae）特征

下唇须前伸或上举，喙发达。成虫后翅 $S_C + R_1$ 在中室外和 R_S 相接近或接触，臀区发达，有 3 条臀脉；前翅 Cu_2 退化或消失，中室内无 M 主干。

（9）观察天蛾科（Sphingidae）特征

成虫身体粗壮，纺缍形，末端尖削；触角中部加粗，末端弯曲成钩状，前翅大而狭，顶角尖而外缘倾斜，后翅较小，被有厚鳞。后翅 $S_C + R_1$ 脉与中室平行，有一横脉与中室中部相连。

2.3.7　鞘翅目（Coleoptera）

（1）观察以金龟子为代表的鞘翅目特征

具咀嚼式口器，前翅角质坚硬，复盖在身体的背面，中央有一会合的纵缝（中缝）；前胸背板发达，掀起前翅可看到膜质的后翅和柔软的腹节背板，而身体的其他部分都很坚硬。鞘翅在身体背面覆盖的程度因种类而异，金龟子的腹部仅末端背板外露，但有的可将腹部覆盖，有的腹部大部分露出，常作为分科的重要依据。

（2）观察虎甲科（Cicindelidae）、步甲科（Carabidae）与拟步甲科（tenebrionidae）特征

取虎甲、步甲观察，均属肉食亚目（Adephaga），区别在于虎甲科头一般比胸部宽，两触角间的距离较近，小于上唇宽度，步甲科头一般比胸部窄，触角位于复眼与上颚基部间，上唇小，两侧不超过触角间距离，步甲科和拟步甲科有的很相似，观察步甲，3 对足跗节均 5 节（跗式 5-5-5），再对比观察拟步甲，前足、中足跗节 5 节，后足 4 节（跗式 5-5-4）。

（3）观察叩头甲科（Elateridae）和吉丁甲科（Buprestidae）特征

取叩头甲和吉丁甲观察，都具有坚硬而细长的身体，前胸腹板均有一个向后延伸的腹板突起。但叩头甲科的突起细长尖锐，嵌在中胸腹板的凹陷内；体色一般黑暗；前胸与鞘翅间凹下，能活动，前胸背板两侧后缘还有尖锐的后角突起。吉丁甲科前胸腹板突扁平，嵌在中胸上，体色多鲜艳，有金属光泽，前胸与鞘翅间不凹下，不活动。

（4）观察芫菁科（Meloidae）特征

取豆芫菁进行观察，身体和鞘翅比较柔软；头部略比胸宽，头的后缘收缩成圆形，跗节和拟步甲科相似为 5-5-4 式，可见腹板 6 节。

（5）观察金龟甲科（Melonthidae）特征

观察金龟甲，体粗壮，触角鳃叶状，通常 8～11 节，末端 3～4 节侧向膨大；前足胫节膨大，变扁，外侧具齿，后足着生接近身体末端而远于中足；跗节 5 节；腹部气

门完全被鞘翅所盖住。

（6）观察叶甲科（Chrysomelidae）特征

取黄守瓜观察，椭圆形，一部分体形像瓢甲，但显著不同处在于足跗节为拟4节，复眼圆形，触角短于体长之半，多有金属光泽。

（7）观察象甲科（Curculionidae）特征

取甜菜象甲观察，其头部延伸呈象鼻状，咀嚼式口器着生在喙的前端；触角膝状，10～12节，末端3节呈锤状；可见腹板5节。

（8）观察豆象科（Bruchidae）特征

取绿豆象进行观察，体坚硬卵圆形；头部向前延伸，缩在前胸的下面，形成短喙；有较大的复眼，从侧面观察复眼的形状，其前下缘有"V"形缺刻；触角由复眼的前方伸出；前胸背板近三角形，鞘翅末端截形，腹末背板露出鞘翅之外。

（9）观察瓢甲科（Coccinellidae）特征

取瓢虫进行观察，身体半球形，像一个复转过来的圆瓢，腹面扁平；触角短，棒状；足跗节为隐4节，第3节极短，跗式4-4-4；鞘翅缘折发达。

2.3.8　膜翅目（Hymenoptera）

（1）观察以蜜蜂为代表的膜翅目的特征

体分明显的头、胸、腹3段，2对翅膜质，在实体镜下观察后翅前缘中部，有1列小钩，是与前翅连接的构造"翅钩"。胸部各节接合紧密，前胸不发达，黄色弯曲形的前胸背板位于胸部前缘。中胸背板颇大隆起，占据了胸节的大部分，可分为盾片、小盾片、后小盾片3部分，在后小盾片之后，为不分片的后胸背板，其后方还有一个较大的环节；从侧面观察，可知其与后足不相关，它是并入胸部的腹部第一环节，特称为"并胸腹节"，有气门1对。

（2）亚目特征的观察

观察细腰亚目（Apocrita）蜜蜂的胸部与腹部连接处收缩成细腰状，3对足都具有1个转节；而广腰亚目（Symphyta）叶蜂的胸腹间不成柄状收缩，其3对足均有2个转节；蜜蜂的腹部末端尖细，具有螯刺状的产卵器，叶蜂雌虫产卵器由腹末之后伸出，刀锯状。

（3）观察叶蜂科（Tenthredinidae）特征

成虫体粗壮，中等大小；前胸背板后缘深凹；前足胫节有2个端距；产卵器刀锯状；触角线状9～16节。

（4）观察姬蜂科（Ichneumonidae）特征

成虫腹部长于头、胸部之和；产卵管长于体长；翅发达，翅脉明显，有2条回脉和小翅室。

（5）观察茧蜂科（Braconidae）特征

成虫多为小型，成虫腹部长度约等于头、胸部之和；和姬蜂主要区别在于只有回脉 1 条；通常第 2、第 3 腹节连在一起。

（6）观察小蜂科（Chalcididae）特征

成虫触角膝状；体长 3～5 mm；前胸背板与翅基片不接触；翅脉简单、前翅无翅痣和翅室，翅脉分亚前缘脉，缘前脉（合称亚缘脉），缘脉，后缘脉和肘脉（或称痣脉）；后足股节膨大；胫节弯曲，末端斜，生有 2 距。

（7）观察赤眼蜂科（Trichogrammatidae）特征

成虫体小，体长 1 mm 以下；头短，后缘微凹；触角 5～9 节；跗节 3 节；前翅有缘毛。

（8）观察蚁科（Formicidae）特征

成虫体小型；触角膝状，柄节长；无翅或有翅，腹部第 1 节或第 2 节柄状。

（9）观察蜜蜂科（Apidae）特征

成虫中胸背板的毛分支成羽状；后足胫节没有距，扁平有长毛，末端和毛形成花粉篮，跗节第 1 节扁而阔，内侧有短刚毛几列，形成花粉刷；口器嚼吸式。

2.3.9　双翅目（Diptera）

（1）观察以家蝇为代表的双翅目特征

仅 1 对发达的前翅，膜质，拉起前翅可以看到隐蔽于胸后下方的平衡棍（后翅）。

（2）对比观察牛虻、家蝇和吸浆虫的触角

牛虻触角 3 节，第 3 节又分为许多亚节；家蝇触角 3 节，第 3 节特别大，上有触角芒；吸浆虫触角长，线状多节，分别代表短角亚目（Brachycera），环裂亚目（Cyclorrhapha）和长角亚目（Nematocera）。

（3）观察大蚊科（Tipulidae）特征

成虫中型至大型，身体和足细长；胸部有明显的"V"形横沟；翅狭长。

（4）观察瘿蚊科（Cecidomyiidae）特征

取吸浆虫玻片标本在显微镜下观察，成虫小形，前足细长；两复眼相愈合成合眼，无单眼；触角长，念珠状；雄虫触角每个小节上生有环状毛，翅脉退化，3～5 条纵脉，横脉少，基部只有 1 个闭室；胫节无距。

（5）观察虻科（Tabanidae）特征

成虫中型至大型，体粗壮，头部呈半球形，基部比胸部宽；触角第 3 节延长，牛角状；雄虫复眼合眼式，雌虫复眼离眼式；翅基部有发达的翅瓣及腋瓣，R$_s$ 止于翅顶角之下；爪垫和爪间突垫状。

（6）观察食蚜蝇科（Syrphidae）特征

成虫体形似蜂，头部无额囊缝；触角 3 节，具触角芒；口器舐吸式；R 与 M 脉之间形成一条"伪脉"。

（7）观察秆蝇科（Chloropidae）特征

成虫体型微小，身体上具有斑纹；头稍突出，呈三角状；单眼三角区很大；触角芒着生在基部背面；中胸盾片中部无横缝，无腋瓣；前翅缘脉只有一个折断处，S$_c$退化，R$_3$ 分支，直达翅缘；M$_2$ 分支，中间只夹 1 个翅室，基室与中室合并，后面无臀室。

（8）观察潜蝇科（Agromyzidae）特征

成虫体型微小，具单眼；口鬃和额眼间鬃明显；触角芒光滑。前缘脉只有 1 个断裂处，S$_c$ 退化或与 R$_1$ 合并；M 脉间有 2 闭室（基室和中室）。

（9）观察寄蝇科（Tachinidae）特征

成虫小型至中型，多毛，体色暗，有浅色斑纹，下侧片有成行的鬃；触角芒刚毛状；中胸后小盾片发达，侧面观有隆起；M$_{1+2}$ 伸向翅后缘，在后缘前方折向翅前缘，形成心角，末端一段止于翅尖的前方，与前缘脉会合。

（10）观察蝇科（Muscidae）特征

成虫小到中型，体粗壮；触角芒全长羽状；下侧片无成行的鬃；M$_{1+2}$ 脉端部弯曲向前，Cu$_2$＋2A 不达到翅缘。

2.4　实验报告

（1）根据观察，制作直翅目、半翅目、同翅目、缨翅目、脉翅目、鳞翅目、鞘翅目、膜翅目、双翅目成虫分类鉴别检索表。

（2）根据观察，制作直翅目蝗科、蚱科、蟋蟀科、螽斯科、蝼蛄科成虫分类鉴别检索表。

（3）列表比较鳞翅目天蛾科、毒蛾科、螟蛾科、夜蛾科昆虫的主要特点。

实验 3　草地常见地下害虫

3.1　实验目的

(1)了解常见草地地下害虫的种类。

(2)掌握蛴螬类、地老虎类、金针虫类、蝼蛄类、拟步甲类地下害虫的形态特征。

3.2　实验材料及用具

(1)标本　昆虫针插标本、昆虫液浸标本,主要包括蛴螬类、地老虎类、金针虫类、蝼蛄类和拟步甲类。

(2)用具　解剖针、大头针、镊子、剪刀、培养皿、体视显微镜、放大镜。

3.3　实验内容及步骤

3.3.1　蛴螬类形态特征

取大黑鳃金龟(*Holotrichia oblita* Faldermann)、黑绒鳃金龟(*Maladera orientalis* Motschulsky)、黄褐丽金龟(*Anomala exoleta* Faldermann)、铜绿丽金龟(*Anomala corpulenta* Motschulsky)的成虫及幼虫,用放大镜对比观察 4 种金龟形态特征有何不同(表 3-1 和表 3-2)。

表 3-1　4 种金龟甲的形态比较

名称	体长	体色	主要特征
大黑鳃金龟	16～22 mm	黑褐色，有光泽	臀节背板向腹面包卷;背板和腹板相会于腹面
黑绒鳃金龟	6～9 mm	黑褐色，有光泽	头、前胸背板黑色具点刻,背板前侧角呈锐角状,鞘翅有数条纵列隆起和天鹅绒状绒毛
黄褐丽金龟	15～18 mm	黄褐色，有光泽	前胸背板隆起,两侧呈圆弧形,后缘在小盾片前密生黄色细毛。鞘翅密布刻点,各有 3 条暗色纵隆纹
铜绿丽金龟	18～21 mm	铜绿色，有光泽	前胸背板侧缘有黄边,臀板基部有 1 倒三角形大黑斑,侧缘有 1 小黑点

表 3-2　4 种金龟甲幼虫的形态比较

名称	体长	每侧前顶刚毛数	肛腹板刺毛列
大黑鳃金龟	35～45 mm	3 根,其中冠缝侧 2 根,额缝线 1 根	只具钩状刚毛,无刺状毛
黑绒鳃金龟	14～16 mm	1 根,位于额缝侧	刺毛列位于腹毛区后缘,呈横弧弯曲,由 14～26 根锥状直刺组成,中间明显中断
黄褐丽金龟	25～35 mm	5～6 根,排成 1 列	锥状刺毛组成,后端 1/4 每列由 11～13 根长刺毛组成,呈"八"形向后叉开
铜绿丽金龟	30～33 mm	6～8 根,排成 1 列	排成 2 纵列,每列由 11～12 根锥状刺毛组成,刺尖相向

3.3.2　地老虎类

(1)取小地老虎(*Agrotis ipsilon* Rottemberg)、大地老虎(*Agrotis tokionis* Butler)、黄地老虎(*Agrotis segetum* Denis et Schiffermuller)、白边地老虎(*Euxoa oberthuri* Leech)成虫,对照书上的形态描述,对比观察前翅上的花纹有什么异同点。

(2)将 4 种地老虎的幼虫平行放于培养皿中,先看外观有无明显差异,再根据形态描述分别观察头部、腹背毛片及臀板各部位,特别留意这两种幼虫最主要的区别是腹背毛片的大小和臀板上的花纹有所不同(表 3-3)。

表 3-3　4 种常见地老虎成虫和幼虫形态比较

虫态	特征	小地老虎	大地老虎	黄地老虎	白边地老虎
成虫	体长	16~23 mm	20~22 mm	14~19 mm	17~21 mm
	翅展	42~54 mm	45~48 mm	32~43 mm	37~47 mm
	前翅	黑褐色,肾形斑、环形斑、棒形斑均十分明显,周围有黑边,在肾形斑侧凹陷处有一尖端向外的黑色楔形纹相对	黑褐色,前缘从基部到 2/3 处为黑褐色,肾形斑外方无楔形斑	黄褐色,前缘颜色不加深,具环形斑和肾状斑,肾状斑凹部无任何黑斑	灰褐色至红褐色,前缘有灰白色至黄白色的宽边,肾形斑和环形斑灰白色,楔形斑黄色
幼虫	表皮	体黄褐色至黑褐色,多皱纹,粗糙,密布大小颗粒	头部颅侧区具不太明显的褐色网纹及一对黑褐色斑点,体表无黑色颗粒,多皱纹	体黄褐色,多皱纹,颗粒不显	头部黄褐色,颅侧区具很多褐色小斑块及有小黑点组成的黑斑,体黄褐色至灰褐色,光滑,无黑色颗粒
	臀板	有 2 条明显的深褐色纵带	臀板上几乎全为深褐色并满布龟裂状皱纹	中央有黄色纵纹,两侧各有 1 个黄褐色大斑	颜色较深,小黑点集中在基部,排成 2 个弧线

3.3.3　金针虫类

分别取沟金针虫(*Pleonomus canaliculatus*)、细胸金针虫(*Agriotes fusicollis* Miwa)、褐纹金针虫(*Melanotus caudex* Lewis)的成虫、幼虫,用放大镜观察各部形态并区别它们(表 3-4)。

表 3-4　常见 3 种金针虫形态比较

虫态	特征	沟金针虫	细胸金针虫	褐纹金针虫
成虫	体长	14~18 mm	8~9 mm	9 mm
	体色	栗褐色	暗褐色,略有光泽	黑色具光泽
	后翅	雌虫退化,雄虫发达	正常	正常

续表 3-4

虫态	特征	沟金针虫	细胸金针虫	褐纹金针虫
卵	体形	椭圆形	卵圆形	椭圆形
	大小	0.7 mm×0.6 mm	直径 0.5 mm～1.0 mm	0.6 mm×0.4 mm
	颜色	乳白色	乳白色	黄白色
幼虫	体色	金黄色	淡黄褐色	茶褐色
	体形	宽而扁	细长,圆筒形	细长略扁
	尾节	铗状,铗齿之内侧各有 1 个小刺突,外侧缘各有 3 个刺突	圆锥形,背面近基部两侧各有 1 褐色圆斑,并有 4 条纵向细刻线	圆锥形,末端有 3 个小刺突,基部两侧各有一半圆形斑 1 个,并有 4 条纵纹
蛹	体形	纺锤形	纺锤形	纺锤形
	体长	15～20 mm	8～9 mm	9～12 mm

3.3.4　蝼蛄类

对照实验指导书上的描述,取非洲蝼蛄(*Gryllotalpa orientalis* Burmeister)和华北蝼蛄(*Gryllotalpa unispina* Saussure)的成虫、若虫、卵进行对比观察,这两种蝼蛄成虫最重要的区别有两点:一是前足腿节的端缘,二是后足胫节上刺的多少(表 3-5)。

表 3-5　华北蝼蛄和非洲蝼蛄形态比较

虫态	特征	华北蝼蛄	非洲蝼蛄
成虫	体形、体长	粗大,36～56 mm	较小,30～35 mm
	体色	黄褐色	灰褐色
	前足腿节下缘	弯曲	近平直
	后足胫节内上方刺数	0～1 根	3～4 根
	腹部形态	近圆筒形	近纺锤形
若虫	体色	黄褐色	灰褐色
	腹部形状	近圆筒形	近纺锤形
卵	形状	长圆形	长椭圆形
	大小	(1.7～3.0) mm×(1.3～1.7) mm	(2.8～4.0) mm×(1.5～2.3) mm
	每堆粒数	300～400 粒	30～40 粒

3.3.5　拟步甲类

（1）观察网目沙潜（*Opatrum subaratum* Faldermann）形态特征

成虫体长约 10 mm，黑色。头部黑褐色，扁平身体，触角棍棒状，11 节。复眼黑色，位于头部下方。在通常情况下，鞘翅上常附有土粒，故看起来偏灰色。前胸发达，前缘呈弧形弯曲，点刻密。鞘翅较长，将腹节完全遮盖。鞘翅除点刻外，有隆起的纵线。腹部腹板可见 5 节。

（2）观察突颊侧琵甲（*Prosodes dilaticollis* Motschulsky）形态特征

成虫长椭圆形，雄虫体长 16～20 mm，雌虫体长 20～24 mm，背面极度隆起，亮漆黑色，仅跗节和胫节端部棕色。唇基前缘弱弯，两侧在与颊的交接处变宽，但较眼窄；后颊突出，向颈部斜直地收缩；背面稀布圆形深刻点，唇基沟细线状弯曲，中间间断。触角向后长达前胸背板中部，第 2～6 节圆柱形，第 7 节较粗，圆三角形，第 8～10 节球形，末节尖心形；第 3～7 节多毛。前胸背板近于正方形，宽略大于长；前缘略直，仅两侧有细饰边，侧缘基半部直，饰边翘起，端半部收缩较明显，平展而无饰边；基部中间宽直，侧角向后突出，无饰边；背面中央宽平，四周浅凹并具细刻点。前胸侧板密布皱纹，局地有横皱纹。前足基节间腹突中央有纵沟，下折部分的中间收缩，端部扩大。鞘翅强烈拱起，向侧缘急剧地降低，不比前胸背板宽；小盾片后方的鞘翅凹陷，端部 1/3 陡峭地弯降；翅面无刻点，仅有不明显细皱纹。前足胫节内缘直，近端部有突垫，前、中足跗节第 1～3 节下侧有突垫；后足股节长于腹部末端。腹部圆拱，中间及两侧有木锉状具毛小刻点；肛节的刻点略深，但无毛。雌性鞘翅末端略尖，刻点较密，有 2 条背沟。阳茎端部锥形，两侧由底部向端部逐渐地收缩并变尖，背面有疏点，阳茎基部长卵形。

（3）观察大黑琵琶甲（*Blaps* sp.）形态特征

成虫体长约 28 mm，宽约 11 mm。触角锤状部 4 节。前胸背板具缝饰边。小盾片小，密被黄褐色细毛。鞘翅纵脊密而明显，密布小刻点，假缘折宽，缘折窄小。鞘翅尾突明显，尾突缝宽，呈沟状。第 1 腹板有明显的波状横纹。雄虫腹部 1～2 节间具一棕红色刚毛刷。

3.4　实验报告

（1）根据观察，制作 4 种金龟甲和蛴螬的分类鉴别检索表。

（2）比较 4 种地老虎幼虫腹部背面毛片的异同点。

（3）绘制 3 种金针虫尾节图。

（4）列表区分网目沙潜、突颊侧琵甲、大黑琵琶甲的主要形态特征。

实验 4　草地上常见取食叶片的害虫

4.1　实验目的

(1)通过观察,掌握草地上常见取食叶片的主要害虫类别的危害特点。

(2)通过观察和比较,掌握草地上常见取食叶片的主要害虫的识别特征。

4.2　实验材料及用具

(1)标本　主要包括蝗虫类、叶甲类、象甲类、芫菁类、鳞翅目害虫的生活史标本,以及针插标本,具体如下。

①蝗虫类:亚洲飞蝗(*Locusta migratoria migraoria* L.),小翅雏蝗(*Chorthippus fallax* Zubovsky),狭翅雏蝗(*Chorthippus dubius* Zubovsky),红翅皱膝蝗(*Angaracris rhodopa* Fischer et Walheim),亚洲小车蝗(*Oedaleus decorus asiaticus* Bey Bienko)。

②叶甲类:草原叶甲(*Geina invenusta* Jacobson),薄翅萤叶甲(*Pallasiola absinthii* Pallas),白茨粗角叶甲(*Diorhabda rybakowi* Weise),阿尔泰叶甲(*Crosita altaica altaica* Gebler),沙葱萤叶甲(*Galeruca daurica* Joannis),沙蒿金叶甲[*Chrysolina aeruginosa*(Faldermann)],脊萤叶甲(*Theone silphoides* Dalman)。

③象甲类:苜蓿叶象(*Hypera postica* Gyllenhal)。

④芫菁类:中华豆芫菁(*Epicauta chinensis* Laporte),绿芫菁(*Lytta caraganae* Pallas),斑芫菁(*Mylabris calida* Pallas)。

⑤鳞翅目害虫:草原毛虫(*Gynaephora* spp.),草地螟(*Loxostege sticticalis* L.),苜蓿夜蛾(*Heliothis dipsacea* L.),黏虫(*Mythimna separata* Walker)。

(2)用具　双目解剖镜、扩大镜、小镊子、培养皿、载玻片、多媒体教学设备等。

4.3　实验内容及步骤

4.3.1　各类害虫危害症状

（1）蝗虫类　主要取食禾本科和莎草科牧草。也可取食玉米、大麦、小麦、燕麦、青稞、谷子等农作物和菊科、苜蓿等植物，以成虫和若虫咬食植物的叶片和嫩茎。轻者吃成缺刻，重者吃成光秆，严重时致使颗粒无收。食性很杂，但不同种类的嗜食植物有所不同。

（2）草原毛虫　草原毛虫是青藏高原牧区的重要害虫。在西藏草原发生的主要种类是青海草原毛虫（*Gynaephora qinghaiensis* Chou et Ying）。主要为害莎草科、禾本科牧草，此外也为害豆科、蓼科、蔷薇科等多种牧草。严重影响牧草生长，造成牧草产量降低。1 龄幼虫出土时不取食，活动集中，到 2 龄期时牧草返青，草原毛虫开始取食。主要取食高山嵩草等嫩枝叶。4～5 龄后，食性比较杂，但以莎草科、禾本科牧草为主。

（3）草地螟　该虫寄主范围广，可危害 35 个科 200 多种作物、牧草和灌木。初孵幼虫取食幼嫩叶片的叶肉，残留表皮，3 龄以后食量大增，将叶片吃成缺刻而仅剩叶脉。

（4）黏虫　1～2 龄幼虫白天多隐蔽在作物心叶或叶鞘中，晚间活动取食叶肉，留下表皮呈半透明的小斑点。3～4 龄幼虫蚕食叶缘，咬成缺刻，5～6 龄达暴食期，咬食叶片，啃食穗轴，其食量占整个幼虫期的 90％以上。

（5）叶甲类　以成虫、幼虫取食叶、幼芽、嫩枝及果实，造成缺刻、断叶、断梢、伤果等，发生严重时，可吃光整个叶片、嫩梢。

（6）苜蓿叶象　主要危害苜蓿，也取食红三叶草、白三叶草、黄白草木樨等豆科植物，也危害禾本科的玉米、燕麦等植物。成虫和幼虫均能危害苜蓿的顶端、叶和新生嫩芽。成虫能取食叶片及茎秆，将茎秆咬成圆孔或缺刻，并将卵产在茎秆内。初孵幼虫在茎秆内蛀食，形成黑色的隧道。大部分初龄幼虫潜入叶芽和花芽中为害，能使花蕾脱落、子房干枯，破坏苜蓿上部的生长点，影响苜蓿的生长。3～4 龄幼虫危害最严重，暴食叶肉只残留枯焦的网络叶脉，发生严重时影响苜蓿的产量。

（7）豆芫菁类　主要危害苜蓿、三叶草、沙打旺、草木樨、柠条、锦鸡儿、豌豆、甜菜等。开花期受害最重，成虫咬食叶片成缺刻，或仅剩叶脉，猖獗时可吃光全株叶片，导致植株不能开花，严重影响产量。危害牧草的芫菁类害虫主要有中华豆芫菁、绿芫菁和苹斑芫菁等。

4.3.2 各类害虫形态特征

(1)亚洲飞蝗　雌体长 45～55 mm,雄体长 35～50 mm;上颚黑蓝色;前胸背板中脊明显;前翅发达,常超过后足胫节中部,翅上有黑色斑点;成虫有群居型、散居型和中间型 3 种类型。群居型为黑褐色,散居型带绿色,中间型介于这二者之间,为灰褐色。群居型的头部较宽,复眼较大。前胸背板中隆线较平直,前胸背板前缘近圆形,后缘呈钝圆形;前翅较长,远超过腹部末端。后足胫节淡黄色。散居型的头部较狭,复眼较小;前胸背板中隆线呈弧状隆起,呈屋脊形;前胸背板前缘为锐角形向前突出,后缘呈直角形;前翅略超过腹部末端,后足胫节常为淡红色。

(2)小翅雏蝗　成虫体较小,黄褐色或绿褐色。雄性前翅短,顶端宽圆,不达后足股节的顶端,其前缘脉顶端不超过前翅的中部。雌性体型较粗笨,前翅短小,后翅退化为片状物。

(3)狭翅雏蝗　成虫体较小。头部较短,颜面倾斜度大。前胸背板后横沟接近中部,侧隆线在沟前区向内弯曲;前翅不超过后足股节端部,到达或仅超过腹端。雄性前翅顶端较狭,雌性前翅前缘脉域具白色纵纹,中脉域较狭,最宽处等于或略大于肘脉域的最宽处。

(4)红翅皱膝蝗　成虫体中型,浅绿色或黄褐色,具细碎褐色斑点。体具粗大刻点和短隆线。前后翅发达,超过后足胫节中部,后翅透明,基部玫瑰红色。后足股节外侧黄绿色,内橙红色。后足胫节橙红或黄色,基部膨大部分具平行的细隆线。

(5)亚洲小车蝗　成虫体绿或灰褐、暗褐色,雄成虫体长 21～24.7 mm,雌成虫 31～37 mm。前胸背板具浅色"X"形斑纹。前翅具明显的暗色斑纹,后翅基部淡黄色,未到达后缘的暗色横纹带,顶端烟色。后足股节内侧黑色,具 2 个淡色横纹,底缘红色,顶端黑褐色;胫节红色,基部淡色部分常混杂红色,后足股节上侧上隆线无细齿。

(6)草原毛虫　成虫雌雄异型,雄成虫体长 6.7～9.2 mm,体黑色,背部有黄色短毛,翅 2 对,被黑褐色鳞片,圆形黑褐色复眼,触角羽毛状,足 3 对,被黄褐色长毛,跗节端部黄色。雌蛾体长 8～14 mm,体长圆形,较扁。头部小,黑色,复眼、口器退化,触角短小,棍棒状。3 对足较短小,黑色,不能行走,仅能用身体蠕动。前后翅均退化,呈肉瘤状小突起,不能飞行。腹部肥大,全身被黄色绒毛,腹部末端黑色。

(7)草地螟　成虫为暗褐色的中型蛾子。体长 8～12 mm。前翅灰褐色至暗褐色,翅中央稍近前方有一近似方形淡黄色或浅褐色斑,翅外缘为黄白色,并有一连串的淡黄色小点连成条纹。后翅黄褐色或灰色,沿外缘有 2 条平行的黑色波状条纹。

(8)苜蓿夜蛾　成虫体长 13～14 mm,头、胸灰褐带暗绿色,下唇须及足灰白色。前翅灰褐带青绿色,有时浅褐色。外横线、中横线绿褐色或赤褐色,翅的中部有一宽而深的横线,肾状纹黑褐色,翅的外缘有 7 个黑点。后翅淡黄褐色,外缘有一黑色宽带,其中夹有心脏形淡褐斑。近前部有 1 个褐色枕形斑纹,缘毛黄白色。

(9)黏虫　成虫淡黄色或淡灰褐色,体长 17～20 mm。前翅中央近前缘有 2 个淡黄色圆斑,外侧圆斑较大,其下方有一小白点,白点两侧各有一个小黑点。

(10)草原叶甲　全体黑色。头部较前胸大,具中纵沟,把头壳分为两半。复眼椭圆形,触角丝状,向后伸长可达鞘翅后缘。前胸背板小,前宽后狭,中间有一纵沟,周缘具边框,前、后角各具长毛 1 根。鞘翅短缩,仅覆盖腹背 1～3 节,翅面密布皱纹,后翅退化消失。

(11)薄翅萤叶甲　成虫体长 6.5～7.5 mm,体被黄褐色毛。头顶中央有 1 条纵沟,复眼小,触角念珠状,11 节。足除胫节端部和跗节为黑色外,均为黄色。鞘翅基部外侧隆起,每侧鞘翅上具 3 条黑色纵脊。

(12)白茨粗角叶甲　成虫深黄色,体被白色绒毛,触角、复眼、小盾片、股节端部、胫节基部和端部、爪、跗节均黑褐色。头部后缘有一"山"字形黑斑,前胸背板有一"小"字形黑斑,每个鞘翅中央有 1 条狭窄的黑色纵纹,中缝黑色,肩角明显。前胸背板和鞘翅上的刻点大小一致。

(13)阿尔泰叶甲　具金属光泽,体绿紫色或铜紫色。前胸背板有明显的侧缘,具细小刻点。小盾片三角形。两鞘翅愈合成整体盖在体背,后翅不发达,鞘翅上的刻点粗大。雄虫前足各跗节明显膨大,两侧钝圆;前中足各跗节及后足第 1 跗节腹面生有跗毛,后足第 3 跗节端部深裂。

(14)沙葱萤叶甲　成虫长卵形,长约 7.50 mm。体乌金色,其光泽。触角 11 节,复眼卵圆形,较大,明显突出。头、前胸背板及足呈黑褐色。鞘翅由内向外排列 5 条黑色条纹,内侧第 1 条紧贴边缘,第 3、4 条短于其他 3 条,第 2 条和第 5 条末端相连。端背片上有一条黄色纵纹,具极细刻点。腹部共 5 节。

(15)沙蒿金叶甲　成虫体卵圆形,背面隆起,长 5～8 mm,深绿色或紫绿色,具金属光泽。触角线状,11 节。前胸背板前缘内凹,背面有不规则刻点,鞘翅有 10 行刻点。足绿色,跗节暗褐色,下有白色绒毛。

(16)脊萤叶甲　成虫体亮黑色,头、触角、足黑色,前胸背板、鞘翅红棕色。触角着生处靠近,后头及前胸背板刻点深。小盾片舌状,黑色光亮。鞘翅较扁平,有完整的侧缘,肩角隆起,脊纹微弱,两鞘翅在端部分离,臀板裸露,具后翅。中足基节窝靠近,第 3 跗节狭窄,不宽于第 2 节,跗节下方具短刺,前中足跗节具毛垫,后足胫节具刺。

(17)苜蓿叶象　体长 4.5～6.5 mm。全身覆黄褐色鳞片,头部黑色,喙细长且弯曲。触角膝状,鞭节 7 节。前胸背板有 2 条较宽的褐色条纹,中间夹有 1 条细的灰线。鞘翅上有 3 段等长的深褐色纵行条纹,中间的一段最长,达鞘翅的 3/5。

(18)中华豆芫菁　成虫体长 10.0～23.0 mm,头横阔,两侧向后变宽,额中央具 1 长圆形小红斑,触角 11 节,雄性触角栉齿状,中间节变宽并明显向外斜伸;雌性触角丝状。前胸背板约与头同宽,鞘翅基部宽于前胸 1/3,两侧平行。鞘翅侧缘、端缘和中缝以及体腹面大部分均被灰白毛。

(19)绿芫菁　成虫体长 11.5～17 mm,体金属绿或蓝绿色,鞘翅具铜色或铜红色光泽。体背光亮无毛,腹面胸部和足毛十分细短。头部刻点稀疏,额中央有 1 个橙红色小斑。触角约为体长的 1/3,第 5～10 节念珠状。前胸宽短,前角隆起突出;背板光滑,刻点细小稀疏,在前端 1/3 处中间有 1 个圆凹洼,后缘中间的前面有 1 个横凹洼,后缘稍呈波浪形弯曲。鞘翅具细小刻点和细皱纹。雄虫前、中足第一跗节基部细,腹面凹入,端部膨大,呈马蹄形;中足腿节基部腹面有 1 根尖齿,雌虫无上述特征。

(20)苹斑芫菁　成虫体长 11～23 mm。头、前胸和足黑色。鞘翅淡棕色,具黑斑。头密布刻点,中央有 2 个红色小圆斑。触角短棒状。前胸长稍大于宽,两侧平行,前端 1/3 向前收狭,背板密布小刻点。盘区中央和后缘之前各有 1 个圆凹。鞘翅具细皱纹,基部疏布有黑长毛,在基部约 1/4 处有 1 对黑圆斑,中部和端部 1/4 处各有 1 个横斑,有时端部横斑分裂为 2 个斑。

4.4　实验报告

(1)如何从形态特征方面区别草原上常见的几种蝗虫?

(2)比较分析草地上几类取食叶片害虫的危害特征的异同点。

(3)以双向式检索表形式,对草原上常见的各种害虫成虫进行鉴定。

实验 5   草地上常见刺吸茎叶害虫的识别

5.1   实验目的

(1)通过观察,掌握草地上常见刺吸茎叶的主要害虫类别的危害特点。

(2)通过观察和比较,掌握草地上常见刺吸茎叶的主要害虫的识别特征。

5.2   实验材料及用具

(1)标本   主要包括蚜虫类、蓟马类、盲蝽类、叶蝉类等昆虫的生活史标本,针插标本,以及玻片标本,具体如下。

①蚜虫类:苜蓿斑蚜(*Therioaphis trifolii* Monell)、豌豆蚜(*Acyrthosiphon pisum* Harris)、豆蚜(*Aphis craccivora* Koch)、麦长管蚜(*Macrosiphum avenae* Fabricius)、麦二叉蚜(*Schizaphis graminum* Rondani)、禾谷缢管蚜(*Rhopalosiphum padi* L.)、麦无网长管蚜(*Acyrthosiphon dirhodum* Walker)。

②蓟马类:牛角花齿蓟马(*Odontothrips loti* Haliday)、花蓟马(*Franklinilla intonsa* Trybom)、烟蓟马(*Thrips tabaci* Lindeman)。

③盲蝽类:牧草盲蝽(*Lygus pratensis* L.)、苜蓿盲蝽(*Adelphocoris lineolatus* Goeze)、赤须盲蝽(*Trigonotylus ruficornis* Geoffroy)。

④叶蝉类:大青叶蝉(*Tettigella viridis* L.)等。

(2)用具   双目解剖镜、扩大镜、小镊子、培养皿、载玻片,多媒体教学设备等。

5.3   实验内容及步骤

5.3.1   各类害虫危害症状

(1)蚜虫类   以成虫和若虫聚集在寄主植物的叶片、茎秆、幼芽和花器各部位,吸食汁液。被害植株叶子卷曲,影响寄主的生长发育,严重时常导致植株受害部位生长停滞,最后枯黄。蚜虫在危害时还能分泌蜜露,诱发霉污病,污染牧草。此外,蚜虫还是寄主植物病毒病的重要传播媒介。

(2)蓟马类 危害牧草的叶、芽和花等部位,嫩叶被害后呈现斑点、卷曲以致枯死;生长点被害后发黄、枯萎,导致顶芽不能继续生长和开花;花期危害最重,在花内取食,倒散花粉,破坏柱头,吸收花器营养,造成落花落荚,导致牧草品质变劣。

(3)盲蝽类 成虫和若虫均以刺吸式口器吸食嫩茎叶、花蕾、子房的汁液,受害部位逐渐凋萎、变黄、枯干而脱落,轻者阻碍牧草的生长发育,重者则植株干枯而死亡,严重影响牧草的种子产量和产草量。

(4)叶蝉类 叶蝉均以成虫、若虫群集叶背及茎秆上刺吸其汁液,使寄主生长发育不良,叶受害后多褪色呈畸形卷缩现象,甚至全叶枯死。苗期的寄主常因流出大量汁液,经日晒枯萎而死。

5.3.2 各类害虫形态特征

(1)苜蓿斑蚜 有翅孤雌蚜体长约 1.8 mm,卵形,体毛粗长,有褐色毛基斑。背部有 6 排或多于 6 排的黑色斑。腹管短筒形,尾片瘤状,顶端钝。有翅蚜和无翅蚜的体色有淡黄、淡绿色、黄褐色等。

(2)豌豆蚜 有翅孤雌蚜体长约 3 mm,黄绿色,体细长,属较大型的蚜类。触角细长,淡黄色,各节端部和第 6 节深色,全长超过体长;腹管淡黄色,端部深色,细长略弯,约与触角第 3 节等长或略超过;尾片淡黄色,上生刚毛 10 根左右。足细长,淡黄色,胫节端及跗节黑褐色。前翅淡黄色,翅痣绿色。分为红色型和绿色型。

(3)豆蚜 有翅孤雌蚜体长 1.5～2.0 mm,全身紫黑色,触角基部 2 节黑色,余为黄色,复眼紫褐色,前胸两侧有乳突,中胸背板黑色,后端有 2 个突起,小盾片及后胸背板黑色,腹部紫黑色。腹管黑色,比触角第 3 节约长 1/3;尾片乳突状,上有刚毛 6～7 根。

(4)麦长管蚜 有翅孤雌蚜体长 2.4～2.8 mm,体淡绿至深绿,触角比体长。腹背两侧有黑斑 4～5 个;复眼红色;额瘤明显;前翅中脉 3 叉;腹管长,超过腹末,长筒形,黑色,端部具网状纹;触角第 3 节有感觉圈 6～18 个。

(5)麦二叉蚜 有翅孤雌蚜体长 1.8～2.3 mm;体淡绿至黄绿,头、胸部灰黑色,腹部绿色,前翅中脉 2 叉。触角比体短,腹管较短,不超过腹末,腹管绿色,端部色暗;触角第 3 节有感觉圈 5～8 个。

(6)禾谷缢管蚜 有翅孤雌蚜体长 1.6 mm 左右;暗绿至黑绿色,腹部暗绿色带紫褐色,腹背两侧及腹管中央有黑色斑纹;前翅中脉 3 叉。触角比体短;腹管黑色,较短,不超过腹末,端部缢缩如瓶颈;触角第 3 节有感觉圈 17～22 个。

(7)无网长管蚜　体长 2～2.4 mm,体白绿色至淡绿色,有翅孤雌蚜前翅中脉 3 叉。触角比体长;腹管长筒形,淡绿色,长多超过腹末,端部无网状纹;触角第 3 节有感觉圈 40 个以上。

(8)牛角花齿蓟马　成虫体长 1.3～1.6 mm,暗黑色,前翅有黄色和淡黑色斑纹。前翅基部 1/4 部分为黄色,用肉眼或 10 倍扩大镜观察时,形成两个黄色斑。中部为淡黑色,之后为淡黄色,到翅端为淡黑色。

(9)花蓟马　成虫体长 1.3～1.5 mm,雌虫褐色,头、前胸常黄褐色,雄虫全体黄色。触角 8 节,第 3～5 节黄褐色,但第 5 节端部暗褐色,其余各节暗褐色。前胸背板前角外侧各有长鬃 1 根,后角有 2 根。前翅上脉鬃 19～22 根,下脉鬃 14～16 根。

(10)烟蓟马　成虫体长 1.0～1.3 mm,淡黄色,复眼紫红色。触角 7 节,第 1 节色淡,第 2 节及第 6～7 节灰褐色,第 3～5 节淡黄褐色,第 4～5 节末端色较淡。前胸背板两后角各有 1 对长鬃。翅淡黄色,上脉鬃 4～6 根,下脉鬃 14～17 根。

(11)苜蓿盲蝽　成虫体长 8～8.5 mm,黄褐色,被细毛。前胸背板绿色,胝区隆突,黑褐色,其后有黑色圆斑 2 个。小盾片突出,三角形,黄色,中线两侧各有纵行黑色纵带 1 条,基前端并向左右延伸。

(12)牧草盲蝽　成虫体长 5.5～6 mm,长椭圆形。体绿色或黄绿色。触角比体短,前胸背板有橘皮状刻点,侧缘黑色,后缘有 1 黑纹,中部有 4 条纵纹,小盾片黄色,中央呈黑褐色凹陷。后足股节有黑色环纹,胫节基部黑色。

(13)赤须盲蝽　成虫体长约 8 mm,触角红色,前胸背板梯形,前缘低平,两侧向下弯曲,后缘两侧较薄;近前端两侧有 2 个黄色或黄褐色较低平的胝。小盾片三角形,基部不被前胸背板后缘所覆盖。前翅革质部与体色相同,膜质部透明,后翅白色透明。

(14)大青叶蝉　成虫体长 7～10 mm,青绿色。头部颜面淡褐色,颊区在近唇基缝处有 1 小型黑斑,在触角上方有 1 块黑斑,头部后缘有 1 对不规则的多边形黑斑。前翅绿色带青蓝色光泽,前缘淡白,端部透明,翅脉青黄色,具狭窄的淡黑色边缘;后翅烟黑色,半透明。

5.4　实验报告

(1)如何从形态特征方面区别苜蓿上的几种蚜虫?

(2)比较分析苜蓿上蚜虫类、蓟马类、盲蝽类的危害特征有何异同点。

实验 6 草地上常见钻蛀、潜叶及为害籽粒的害虫

6.1 实验目的

(1)通过观察,掌握草地上常见钻蛀、潜叶及危害籽粒的主要害虫类别的危害特点。

(2)通过观察和比较,掌握草地上常见钻蛀、潜叶及危害籽粒的主要害虫的识别特征。

6.2 实验材料及用具

(1)标本 ①钻蛀类害虫:亚洲玉米螟(*Ostrinia fumacalis* Guenée),玉米穗虫(棉铃虫)(*Helicoverpa armigera* Hübner);②潜叶为害类害虫:豌豆潜叶蝇(*Chromatomyia horticola* Goureau);③为害籽粒类害虫:苜蓿籽蜂(*Bruchophagus roddi* Gussakovskiy),苜蓿籽象甲(*Tychius medicaginis* Ch. Bris),豌豆象(*Bruchus pisorum* L.)等的生活史标本、针插标本、玻片标本。

(2)用具 双目解剖镜、扩大镜、小镊子、培养皿、载玻片,多媒体教学设备等。

6.3 实验内容及步骤

6.3.1 各类害虫危害症状

(1)亚洲玉米螟 以幼虫蛀食危害。在苗期幼虫聚集蛀食心叶,导致心叶呈花叶状,心叶展开出现整齐的孔洞;在拔节、抽穗期蛀食茎秆和花穗,蛀食后形成孔道;同时植株被蛀食后遇风易折,植株倾斜生长,籽粒干瘪。

(2)玉米穗虫(棉铃虫) 以幼虫蛀食危害。幼虫可在苗期咬食玉米心叶,待心叶展开后形成一排孔洞;抽穗后,幼虫咬食花丝,随即潜入果穗内蛀食,造成玉米籽

粒不孕或缺粒并发生霉烂。末龄幼虫具暴食性,对寄主产生毁灭性危害。

(3)豌豆潜叶蝇 以幼虫蛀食寄主叶肉,形成不规则的孔道;成虫刺食叶汁或产卵,叶片卷曲皱缩,恶化植株长势,重者可致绝收。

(4)苜蓿籽象甲 幼虫蛀食苜蓿种籽,残存种皮;成虫啃食叶肉,仅存网状表皮。此外,还可危害花蕾。

(5)苜蓿籽蜂 幼虫蛀食种籽,使其干瘪失绿,重则仅剩种壳;成虫则择嫩绿或乳熟的种荚产卵。

(6)豌豆象 幼虫蛀食豌豆,使其内部形成蛀食通道,重者则仅存空壳。

6.3.2 各类害虫形态特征

(1)亚洲玉米螟 体长13～15 mm,翅展24～32 mm。体色黄褐色。前翅内横线呈锯齿状,外横线褐色,向内弯曲,也呈锯齿状。腹部黑褐色具浅色斑。中足胫节细长,黄褐色;胫节无沟和毛簇。雄性外生殖器爪状三分裂,中侧叶较侧叶长且宽;抱器鳞状,刚毛稀疏,强刺浓密;抱握器腹面具刺区长于无刺区,具刺区分布长刺3～4根。

(2)棉铃虫 体长15～20 mm,翅展27.0～38.0 mm。前翅:雄蛾淡黄褐色至淡橙褐色;雌蛾为淡黄褐色至淡橙黄色。斑纹清晰,除内横线不明显外,中横线、外横线、亚缘线、缘线和肾形斑、环形斑均较明显;亚缘线外侧波纹小而齐,与外横线间色带较深。外横线与翅脉交接处有8个小白点(R_4、R_5、M_1、M_2、M_3、Cu_1、Cu_2和2A上);外横线斜向翅内缘,末端可达肾形斑下方翅内缘。后翅,翅外缘有1条暗色宽带,其中常有2个浅色小圆斑或半圆斑。沿中室外缘有1条深色细短横线。胫节外侧具一端距。

(3)豌豆潜叶蝇 体长2～3 mm,翅展5～7 mm。体暗灰色。头部黄色,复眼红褐色。触角和足黑色,腿节连接处黄褐色。翅透明,翅面泛紫光。平衡棒黄色或橙黄色。雌虫腹部粗壮,雄虫腹部瘦小。胸、腹部及足灰黑色,中胸、翅基、腿节末端、各腹节后缘黄色,翅透明,有彩虹反光。

(4)苜蓿籽象甲 成虫体长1.5～2.8 mm(不包括喙),体暗棕色。头部着生较小的黄白色鳞片,自触角着生处至喙末端为棕黄色,无鳞片。前胸背板密布由两侧斜向背中央的黄白色鳞片,并相遇成背中线。鞘翅鳞片黄白色,合缝处具4列淡色纵条纹,纹间具不整齐的刻点。胸足基节和转节黑色,其他各节棕黄色。爪为双枝式,内侧较外侧小。第2腹片两侧向后延伸成三角形,完全盖住第3腹片的两侧。

(5)苜蓿籽蜂 雌蜂体长1.77～2.16 mm,雄蜂体长1.38～1.86 mm。成虫

体黑色。复眼暗褐色。头部具粗刻点,密布灰白色绒毛;头顶具三角形排列的单眼3个。胸部强隆凸,具粗大刻点和灰色绒毛。并胸腹节垂直。足基节黑色,具刻点和灰色绒毛;腿节黑色,下端棕黄色,胫节棕黄色,中部黑色。胫节具一端距。翅面无色,脉序简单;前翅前缘脉和痣脉近等长,后缘脉短。腹部黑色卵圆形,两侧缢缩,端部具绒毛,渐尖。

　　(6)豌豆象　体长 4~5 mm。体黑色,长椭圆形。头具刻点。触角基部 4 节红褐色,其余黑色。前足胫、跗节及中足跗节为赤褐色,其余各节及后足为黑色;后足腿节端部腹面外缘齿突尖而长,与腿节呈锐角。前胸背板两侧中央齿突指向后方。鞘翅两侧各具两个明显的黑斑,中央具一近"T"形白色斑。雌虫第 8 腹节腹板伞形,前缘中央刚毛缺,两侧呈圆锥形突起,着生约 6 个黑齿。

6.4　实验报告

　　(1)如何根据寄主被害状推断害虫种类?
　　(2)根据形态特征编制草地钻蛀、潜叶及为害籽粒的害虫检索表。

实验 7　昆虫标本的采集制作与保存

7.1　实验目的

　　昆虫标本是教学、科研工作的必备材料,昆虫标本的采集、制作和保存是从事昆虫研究人员必须掌握的基本知识和基本技能。昆虫不仅种类多,而且具有互不相同的生活习性和分布特点。因此,在了解昆虫生活习性的基础上,进一步掌握昆虫标本采集、制作和保存技术,有利于昆虫标本的采集及利用。

　　(1)通过学习昆虫生活习性和分布特点,根据不同的习性特点采取适宜的采集措施。

　　(2)掌握昆虫针插标本、浸泡标本、玻片标本的制作和保存方法。

7.2　实验材料及用具

　　镊子、三角纸袋、采集盒、昆虫针(按昆虫针粗细及长短分为 00、0、1、2、3、4、5七种)、三级台、展翅板、还软器、小刀、标本盒、毛笔、手持放大镜、GPS、照相机、昆虫网(捕虫网、扫网、水网)、黑光灯、整姿台、记录本(图 7-1 至图 7-4)。

　　昆虫针具体规格如下:(常用型号为 1♯、2♯、3♯)

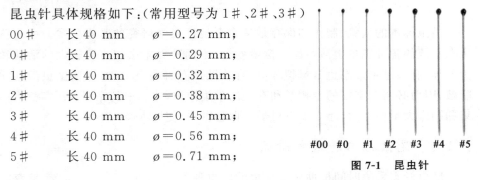

00♯	长 40 mm	∅＝0.27 mm;
0♯	长 40 mm	∅＝0.29 mm;
1♯	长 40 mm	∅＝0.32 mm;
2♯	长 40 mm	∅＝0.38 mm;
3♯	长 40 mm	∅＝0.45 mm;
4♯	长 40 mm	∅＝0.56 mm;
5♯	长 40 mm	∅＝0.71 mm;

#00　#0　#1　#2　#3　#4　#5

图 7-1　昆虫针

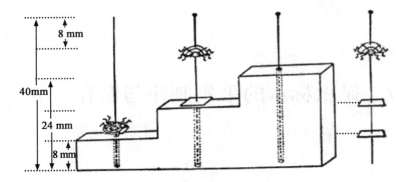

图 7-2　三级台及其使用规范

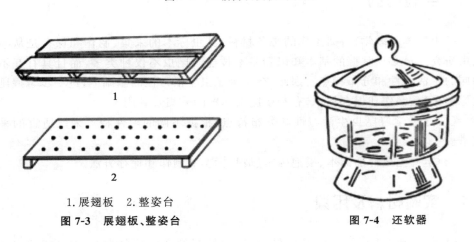

1.展翅板　2.整姿台

图 7-3　展翅板、整姿台

图 7-4　还软器

7.3　实验内容及步骤

　　昆虫标本的采集、制作和保存是从事草地昆虫学研究的基本技术。由于草地生态系统的各种昆虫生活习性及栖境各异,不同种类昆虫间有着较大的活动和行为差异,有些昆虫形态也常模拟环境,有些昆虫有着昼夜节律,有些昆虫活动比较隐蔽,因而必需有丰富的生物学和有关的采集知识,才能采到完好的所需标本。采集和制作大量标本后,还必须有科学的保管方法,使标本经久不坏。

7.3.1　昆虫标本的采集时间

　　昆虫标本采集时间根据所需采集的昆虫种类、活动时间、地理位置、发育阶段不同而异。根据草原类型的垂直分布特点,标本采集从低海拔区域向高海拔区域进行;要根据昆虫不同发育阶段的出现时间,采集所需的虫龄和虫态。

7.3.2 昆虫标本的采集地点

虽然草原类型因地形和气候特点的不同而异,但昆虫种类也同样具有一定的分布栖息地。个别昆虫分布于植物群落之外,在土中、水面、水中、动植物体表和体内及动物粪便中均有分布。

7.3.3 昆虫标本的采集方法

由于昆虫习性和栖境不同,野外采集昆虫标本时需要采用适当的采集方法。采集方法主要有网捕法、诱集法、搜索法、振落法和陷阱法等。

(1)网捕法 网捕法简便易行,最为常用,用于捕捉会飞善跳的昆虫,如蝴蝶、蜂类、蜻蜓等昆虫。捕虫网的种类很多,按功能主要可分为捕网、扫网和水网。其中捕网最为常用,基本构造如图7-5所示。使用的方法有两种:一种是挥动捕虫网,将网口迎面对着昆虫一兜,当昆虫入网后,使网袋底部往上甩,把网底连同昆虫翻到上面。另一种是当昆虫入网后,转动网柄,使网口向下翻,这样也能把昆虫封闭在网底部。另外,当采集到大型的蝶、蛾以后,可先隔网用手轻捏它的胸部,使其丧失飞翔能力后,再从网里取出,并及时放进毒瓶里或者是保存液里杀死,以便于保存。

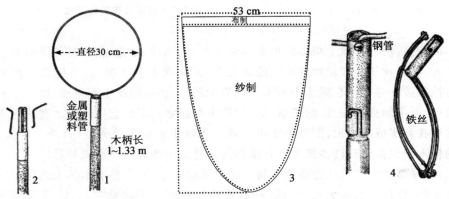

1.空网的装置 2.网圈连接网柄的方法 3.网袋的载置 4.可拆卸、折叠的网圈

图 7-5 捕虫网

(2)诱集法 利用昆虫对灯光和食物的趋性来采集昆虫的简便有效方法。其

中诱虫灯(图 7-6)就是利用许多种类昆虫具有趋光性而设计制作的诱捕工具。诱虫灯可分固定式和流动式等。固定式诱虫灯要选择有电源和植物种类复杂的位置安装,并要求光源射程远及诱来的昆虫能比较容易地进入灯下的容器内或毒瓶内。诱虫灯上面是铁皮灯罩,下面是铁皮漏斗,漏斗下方连接毒瓶,灯源可用普通灯泡或黑光灯。流动式诱虫灯,只要拉好电线,接通电源,利用野外的树木、木桩或埋竹竿,如放电影一样,支挂好一块诱虫幕布,将灯头挂在上方,当昆虫被诱来后,停在幕布上的可以用毒瓶扣捕;落在附近的地方,可人工捕捉或用网轻轻一扫。诱虫幕布的支挂方法见图 7-7。为提高诱虫效果,也可选用黑光灯作光源。为保护灯管,可在黑光灯外套上聚乙烯制作的网眼纱罩。

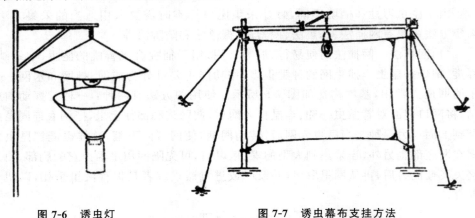

图 7-6　诱虫灯　　　　　　　　图 7-7　诱虫幕布支挂方法

(3)搜索法　草原上很多昆虫都是躲在各种隐蔽的地方,鞘翅目等昆虫有在石头下方、动植物体内或动物粪便内隐蔽习性,采集时要善于搜索,可用铲子或坚固小刀挖掘拨动寻找。在泥土中可采到金龟子的幼虫;在树皮下和树枝、树干中采到小蠹虫、天牛幼虫;在仓库的角落或包装物中可搜索到多种仓库害虫。在落地果实中常可找到实蝇的幼虫;剖开果实可发现芒果象甲幼虫等。另外,石块、砖头、倒下的枯木中也都藏有许多昆虫。其他如鸟、兽巢中亦有一些昆虫栖息。

(4)震落法　针对具有假死性特点昆虫采取震落法,有些灌木丛上的昆虫受到振动惊吓,会掉落地面装死。所以可以手持木棍或徒手敲动树枝,让昆虫掉下后收集。

除了以上采集措施之外,还可以采取观察法、糖蜜诱集法、黄色水盘、土中置瓶法、水边诱蝶法等方法捕捉昆虫。

7.3.4　昆虫针插标本的制作方法

（1）针插标本　一般是将昆虫针直刺虫体胸部背面的中央。为保证分类上的重要特征不受损伤，不同类的昆虫针插都有固定的针插部位，如图 7-8 所示，鳞翅目、膜翅目、毛翅目、双翅目等昆虫，要将针向中胸背板中央稍偏右些插入，留出完整的背中线来。鞘翅目昆虫要将昆虫针插在右侧鞘翅的左上角紧挨着中胸小盾片右侧，使针正好穿过右侧中足和后足之间，这样就不会破坏鞘翅目昆虫分类特征的基节窝。同翅目和双翅目大型种类、脉翅目从中胸背中央偏右插入；半翅目昆虫要将针插在小盾片的中央偏右方，这样就可以完整地保留腹面的口器槽。螳螂目和直翅目插在前胸背板后端偏右或者中胸基部上方偏右侧的位置上，这样不致破坏前胸背板及腹板上的分类特征。膜翅目昆虫则要插在中胸的正中央部位。插针高度，昆虫标本在针的顶端约占针长的 1/3，具体针插参考图 7-2 三级台及其使用规范。

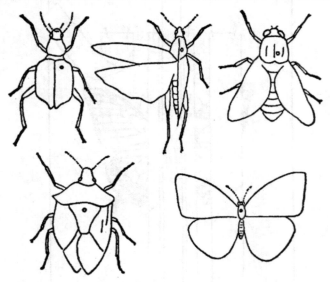

图 7-8　各种昆虫的针插位置

（2）整姿　鞘翅目、直翅目、半翅目的昆虫针插后一般不必展翅，但需整姿，方法是将针穿过整姿台小孔，用镊子将触角和足的自然姿势摆好，再用昆虫针交叉支起，放在纱橱中干燥。对于小蠹虫、跳甲等小型昆虫，可将 00 号针的尖端插入虫体腹面，再将针的另一端用镊子刺入昆虫针上的三角台纸，或者直接在昆虫针上的三角台纸的尖端粘上透明胶，将虫体的右侧面粘在上面，三角台纸尖端应朝左方。为防止大型标本腹部腐烂,可在展翅前,剖开腹部取出内脏,塞入适量的脱脂棉即可。

(3)展翅　一般在昆虫刚被毒死后进行展翅最为合适,如条件不便时,将标本带回室内置于还软器内 2~3 d,虫体充分还软后即可进行展翅。用昆虫针刺穿的虫体,插进展翅板的槽沟里,使腹部在两板之间,翅正好铺在两块板上,然后调节活动木板,使中间空隙与虫体大小相适应,将活动木板固定(图 7-9)。两手同时用小号昆虫针在翅的基部挑住较粗的翅脉调整翅的张开度。蝶蛾类将两前翅的后缘拉成直线(180°)为标准;蝇类和蜂类以两前翅的顶角与头左右成一直线为准;而脉翅类和蜻蜓要以后翅两前缘成一直线为准。移到标准位置,再用细针固定前翅后,再固定后翅,以玻璃纸或光滑纸条覆在翅上,并用大头针固定。小蛾类展翅时,用小毛笔轻轻拨动翅的腹面,待完全展开,不用玻璃纸压,只须将针尖朝向后翅后缘处,并向后斜插,斜插度以压住两翅为好。针插后放入纱橱,约 1 周后,干燥定型即可取下。

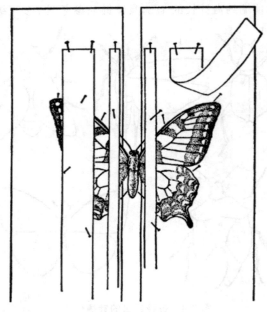

图 7-9　展翅方法

(4)标本还软　通过野外采集大量昆虫,一时难以全部做完,可将这些标本包入三角纸袋干燥处保存。带回室内还软后才可制作整姿和展翅。

标本还软时将干燥器可作为还软器使用,在干燥器底部铺一层湿沙土,并加入少量的石碳酸液,以防标本发霉。在瓷隔板上放置一层尼龙纱网,在纱网上面放置需要还软的标本,加盖密封即可,2~3 d后,干燥的标本即可软化,并可展翅整姿针插。

7.3.5　昆虫浸渍标本的制作方法

　　一般保存完全变态昆虫的卵、幼虫、蛹和不全变态的若虫及无翅亚纲昆虫都采用液浸法,并装入玻璃管或各种大小广口瓶中。标本采来后先用开水烫死,饱食的幼虫应饥饿1～2 d,待消化排净粪便再作处理,绿色昆虫不宜烫杀,易变色,待体壁伸展后浸泡。

　　保存液具有杀死、固定和防腐的作用,为了更好地使昆虫保持原来的形状和色泽,保存液常需用几种化学药剂混合起来。混合时注意,要使标本容易收缩的药液和使标本易膨胀的药液配合,如醋酸有使组织膨胀的特性,可抵消酒精、铬酸等产生的收缩。要使标本易软化的药液和使标本易硬化的药液配合,如甘油有滋润性,可以抵消酒精、福尔马林的硬化特性。要使渗透性快的药液和渗透慢的药液配合,如冰醋酸渗透性强,可以克服铬酸渗透慢的缺点,常用的保存液有下列几种配方。

　　(1)酒精浸泡保存液　　酒精保存液以70%～75%浓度最好,为防止标本发脆变硬,可先用低浓度酒精浸泡24 h,再移入75%的酒精保存液中。也可以加入甘油0.5%～1%,保持虫体柔软。

　　(2)福尔马林浸泡保存液　　配制方法是福尔马林(含甲醛40%)1份,水17～19份。浸泡标本不易腐烂,大量保存比较经济,缺点是气味难闻。不宜浸泡附肢长的标本(如蚜虫),容易使附肢脱落。

　　(3)醋酸、福尔马林、酒精混合保存液

　　　　配制方法:酒精(90%)　　　　　　　15 mL

　　　　　　　　福尔马林(含甲醛40%)　　　5 mL

　　　　　　　　冰醋酸　　　　　　　　　　1 mL

　　　　　　　　蒸馏水　　　　　　　　　　30 mL

此液对昆虫内部组织有较好的固定作用。缺点是日久标本易变黑,并有微量沉淀。

　　(4)醋酸、福尔马林、白糖混合保存液

　　　　配制方法:冰醋酸　　　　　　　　　　　　　5 mL

　　　　　　　　福尔马林　　　　　　　　　　　　5 mL

　　　　　　　　白糖　　　　　　　　　　　　　　5 g

　　　　　　　　蒸馏水　　　　　　　　　　　　　100 mL

此液对于绿色、黄色、红色的昆虫标本有一定的保护作用,浸泡前不必用开水烫。缺点是虫体易瘪,不宜浸泡蚜虫。

（5）红色及其他幼虫保存法　先将幼虫用开水烫死后，拿出晾干，再放入固定液中约1周，最后投入保存液中保存。

固定液配方：		保存液配方：	
福尔马林	200 mL	甘油	20 mL
醋酸钾	10 g	醋酸钾	10 g
硝酸钾	20 g	福尔马林	1 mL
水	1 000 mL	水	100 mL
		（使用前稀释1倍）	

（6）绿色幼虫保存法

固定液配方：

醋酸铜	10 g
硝酸钾	10 g
水	1 000 mL

（7）黄色幼虫保存法　将已饥饿几天的黄色幼虫，用注射器将注射液注入其体内，约10 h后注射液已渗透到虫体各部，再投入保存液。

注射液配方：		保存液配方：	
苦味酸饱和水溶液	75 mL	冰醋酸	5 g
冰醋酸	5 mL	白糖	5 g
福尔马林	25 mL	福尔马林	25 mL

（8）蚜虫保存液　保存蚜虫的酒精成分至少应为90％。

乳酸酒精配制法：90％～95％酒精	1份
75％乳酸	1份

有翅蚜标本常会漂浮起来，可先投入90％～95％酒精中，于1周后加投等量乳酸保存起来。

7.3.6　玻片标本的制作

一些微小的昆虫如蚜虫、蓟马等必须做成玻片标本，在微生物显微镜下才能观察到其特征。还有一些昆虫的生殖器、翅脉、腺体等也需要做成玻片标本。下面以蚜虫为例说明普通玻片标本的制作方法。

（1）除去内脏、杂质　刚采来的蚜虫浸泡在70％的酒精里面，首先用昆虫针在蚜虫腹部进行针刺，多刺几个洞，然后用针平着轻轻挤压，将内脏挤出，再用5％～10％的氢氧化钠溶液煮15～20 min，煮完后用清水冲洗干净。

（2）脱水　脱水的酒精梯度依次是 50％、60％、70％、80％、90％、95％、100％。在每个梯度的酒精溶液中浸泡 15 min，每更换一次需要用吸水纸吸干上次的溶液。最后一个浓度可用 2～3 遍浸泡的时间长一些，以便脱水彻底。

（3）透明　脱水后的标本移到二甲苯溶液中进行透明，如果二甲苯溶液呈混浊，说明脱水不干净，再用 100％酒精脱水，直到透明为止。

（4）封片　将透明后的标本移在显微镜下的载玻片上，再加一滴丁香油在虫体上，可以起到进一步透明和软化的作用，然后用挑针将蚜虫的翅展平，触角、足进行整姿呈自然状，在整好姿的虫体上加入一滴加拿大树胶，最后用镊子夹住盖玻片使其斜向载玻片，使盖玻片一边先接触树胶，然后迅速放下盖玻片，使其自然地贴在树胶上。这样可以避免产生气泡。如有气泡出现，可用昆虫针轻轻地压盖玻片，并放在酒精灯上烤一下，将气泡赶出。盖好玻片后贴上标签，自然干燥 2～3 周后，放入玻片盒保存。

另外，针对一些特殊的昆虫比如蚧壳虫、粉虱等，虫体上有一层蜡质，在用氢氧化钠溶液处理时不要加热而是改用 100 W 的灯泡照烤 8～10 h，清洗过程中用热水冲洗效果较好。

7.3.7　生活史标本的制作方法

为认识和掌握昆虫各虫期及危害，以供教学及展览用，将昆虫的卵、各龄幼虫、蛹、成虫和寄主被害状等安排在标本盒中，制成虫标本。需展翅的种类，则不必用昆虫针刺穿固定，而是将标本的背面向下，平放在整姿台上，用昆虫针尖端钉住胸部展翅整姿，甲虫、蟓象则需在整姿台上直接整姿即可备用。

幼虫标本一般是放入指形管或小试管中，用软木塞加蜡或胶套封口，但保存液容易挥发，且拿出单独观察时因为虫体不能固定，观察有困难，为克服上述缺点，采用以下方法封管。

（1）用过期胶卷，经氢氧化钾处理，除去底片上药膜，使其透明，根据幼虫、蛹体大小剪成大小不同的胶片小块，折成 Ⅱ 形，将晾干的虫体放在胶片上，用小玻棒蘸少量单丁酯、三元树酯、二甲苯和环己酮（1∶2∶5∶2.5）混合液，将虫体粘在胶片上。

（2）将粘好幼虫和蛹的胶片放进准备封管的玻璃管中，用一只漏斗形小玻管外面粘几圈白卡片纸，这种有白卡片纸的小玻璃漏斗的外径要稍稍小于装虫玻管的内径，以使刚好塞进装虫玻璃管，从而压住下面的胶片。卡片纸圈上可写上虫名和虫态，小玻璃漏斗可挡住气泡。

（3）在酒精灯上，将装虫玻管加热拉管成细颈，用注射针由漏斗形的小玻璃管管口注入保存液,使装虫玻璃管内的液面超过小漏斗的管口(图 7-10)。这样气泡就只能在漏斗的上面,不会再移到漏斗下去。

(4)将玻璃管封口就完成整个封管。标本盒的底部铺上樟脑小块或一层杀虫剂粉,上盖一层脱脂棉,标本陈列于上,如图 7-11 所示。

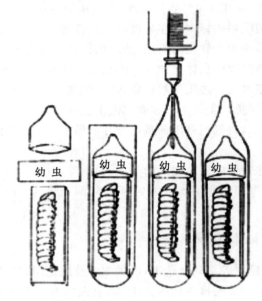

图 7-10　装虫玻璃管制作过程

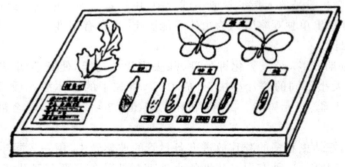

图 7-11　生活史标本

7.3.8　昆虫标本的保存

经过以上处理的针插干燥标本,必须放在标本盒内保存。标本盒通常是木质的加玻璃盖(全用玻璃制作也可)。盒底垫一层厚 2~5 cm 的软木或者硬质泡沫塑料,便于用来插放标本。为了防止虫蛀,标本整装后,盒内应放置樟脑等防腐剂。整装插放要排列整齐、匀称。标本的下方要贴上标签。标签上要写明采集地点、采集时间和采集人的姓名。贴翅标签适用于鳞翅目、蜻蜓目、螳螂目、蜉虫目、直翅目、膜翅目和双翅目等昆虫。

7.4　实验报告

(1)昆虫标本采集时如何利用昆虫习性?
(2)将部分网捕采集到的昆虫,如草地螟等,制作成针插标本。

实验 8　草地常见害虫的调查

8.1　实验目的

（1）学习并掌握草地常见害虫的调查方法。

（2）通过主要草地害虫的调查，掌握某一个地区或生境中主要害虫的危害情况与种群密度，优势种群发生情况。

8.2　实验材料及用具

（1）害虫种类　蝗虫、草地螟（*Loxostege sticticalis* Linne）、玉米螟（*Pyrausta nubilalis* Hubern）。

（2）用具　捕虫网、样框、镊子、手持放大镜、毒瓶、铁筛、铁锹、卷尺或直尺、标本盒、GPS、记载本、照相机、标签纸。

8.3　实验内容及步骤

本实验主要涉及草原蝗虫、草地螟、玉米螟等主要害虫，调查内容包含越冬基础的调查、卵的调查、幼虫（若虫）或蛹的调查、成虫的调查。

8.3.1　蝗虫类

根据不同的草原蝗虫种类，选择取样点，根据调查区域内草原类型、地形特点和蝗虫历史发生情况规划调查路线，路线应穿越调查区内主要的地貌单元和草原类型，如生物分布垂直变化明显，按垂直分布方向设置调查路线。蝗卵孵化后蝗蝻种群呈聚集分布，因此，在蝗蝻期采取平行线式取样法。蝗蝻羽化为成虫后种群呈均匀分布，成虫期可采用单对角线式取样法。

（1）蝗虫越冬卵调查　　在主要有代表性的蝗虫越冬区域内，选择 10 处地段，每处面积不低于 150 亩，每处随机取样 20 个样点，样点面积 100 cm×100 cm，挖取样点内 10 cm 深的土壤，用筛土法仔细检查蝗卵，将越冬前调查数据录入表 8-1 内，越冬后调查数据录入表 8-2 内。

表 8-1　蝗虫卵越冬基数调查

调查日期＿＿＿年＿＿月＿＿日　　地点＿＿＿＿＿＿　　海拔高度＿＿＿ m
经纬度＿＿＿＿＿＿＿　　调查面积＿＿＿＿＿ hm² 　调查点地势＿＿＿＿＿＿＿
土壤类型＿＿＿＿＿＿＿＿＿　　植物类型＿＿＿＿＿＿＿＿

序号	取样数	卵块数/（块/m²）	有卵点数	平均有活卵/（块/m²）	越冬基数/（粒/m²）	备注

表 8-2　蝗虫越冬卵冬后成活率调查

调查日期＿＿＿年＿＿月＿＿日　　地点＿＿＿＿＿＿　　海拔高度＿＿＿ m
经纬度＿＿＿＿＿＿＿　　取样面积＿＿＿＿＿ hm² 　调查点地势＿＿＿＿＿＿＿
草原类型＿＿＿＿＿＿＿＿　　土壤类型＿＿＿＿＿＿　　植物类型＿＿＿＿＿＿＿

序号	样点数/个	卵块数/个	死卵数/粒	活卵数/粒	成活率/%	死亡原因			备注
						菌寄生	虫寄生	捕食	

(2)蝗虫越冬卵发育进度调查 在不同类型区域内的典型地段，随机取样，样点面积 100 cm×100 cm，挖取 50 个以上的卵块(如不足 50 个卵块，可增加样点数，直到满足要求为止)，将结果记入表 8-3 内。

表 8-3 蝗虫越冬卵发育进度调查表

时间 月日	类型区	样点数	总卵块 /个	其 中		孵化率 /%	备注
				已孵化卵块 /个	末孵化卵块 /个		

(3)蝗虫若虫和成虫种群密度的调查 根据蝗虫种类、种群密度、草原类型的变化以随机方法确定样地，递减距离不大于 10 km。对于垂直分布型区域，样地随垂直分布带宽度设置，每一垂直分布带可至少视为一个样地，每个样地调查 3～6 个样点(样地数量参见表 8-4)。

表 8-4 草原蝗虫地面调查样地数量

区域面积(S)/hm²	样地数量/个
S≤3 000	≥10
3 000<S≤7 000	≥15
7 000<S≤13 000	≥20
13 000<S≤33 000	≥30
33 000<S≤66 000	≥50
S>66 000	≥60

蝗虫若虫及成虫种群密度调查根据调查时间可设为长期调查及短期调查，长期调查自从蝗卵孵化后始起至成虫性成熟产完卵为止。短期调查根据蝗蝻发育进

度,即 3 龄蝗蝻盛期之前。调查时采取捕虫网捕捉法或样框(1 m×1 m)调查,每块地直线取样、"Z"形或五点取样方式,每点 20 步(15 m 左右),用捕虫网左右来回捕捉 200 次。样框调查时最少取 100 个样,记录蝗虫种类、龄期和密度数据,每样点重复 3 次。同时记录经纬度、海拔高度、坡度、坡向、植被盖度、地上生物量、草原类型等信息,调查数据记录于表 8-5 内。

表 8-5   蝗虫混合种群数量消长调查表

调查日期_____年__月__日   地点_____   海拔高度_____m
经纬度_____   调查面积_____hm²   调查点地势_____
土壤类型_____   植物类型_____

序号	取样数	成虫数量/ (头/m² 或头/网)	蝗蝻(若虫)数量/ (头/m² 或头/网)	蝗蝻(若虫) 龄期	蝗虫种类	备注

8.3.2   草地螟(*Loxostege sticticalis* Linne)的调查

(1)草地螟越冬基础调查   草地螟虫茧是草地螟老熟幼虫入土后在土中结成丝质袋状的茧,长 20～50 mm,直径 3～4 mm。中部略粗,一般在土质坚硬处结茧较短,土质松软处结茧较长。茧外面粘有细土或细纱粒,外观颜色与结茧处的土壤颜色一致。茧垂直与土壤表层,羽化口与地面平行,状似小的枯草(木)棍。末代草地螟幼虫多选择地势相对较高的土内结茧,如网围栏草库伦、栽培牧草地、撂荒地、休闲地、地埂、喜食作物田及其周围等。调查时多选择背风向阳处,在秋季和春季两季对草地螟越冬基数进行调查,调查时采用双对角线抽样法。

在田间按五点取样方式取样,每个样点内按 100 cm×100 cm 规格,深度为 0～60 mm 范围内取样,每一个点取 20 个样,共取 100 个样。调查时,用铁耙扒松样点内 0.5～3 cm 的表土,再将表土轻轻移出,即可显现竖立在土层中的虫茧,用小土铲将虫茧逐个挖出,或将样点内 0～6 cm 深的土壤挖出过筛、拣出虫茧,分别记录每一个取样点内的虫茧数、存活虫数、被寄生虫数,按照表 8-6 的标准进行统计。同时记录海拔高度、坡度等信息,并录入记录表 8-7 和表 8-8 内。

表 8-6　草地螟越冬虫量划分标准

越冬面积 /hm²	平均虫茧密度 /(头/m²)	发生程度 /级
≤3 333	5	1
3 333～40 000	5～10	2
40 001～53 333	11～15	3
53 334～66 667	16～20	4
＞66 667	＞20	5

表 8-7　草地螟越冬虫茧调查记录表

调查日期＿＿＿＿年＿＿月＿＿日　　地点＿＿＿＿＿＿＿＿＿＿海拔高度＿＿＿＿＿＿ m
经纬度＿＿＿＿＿＿取样面积＿＿＿＿＿ hm²　折合每 hm² 活虫量＿＿＿＿＿＿头/hm²
调查点地势、土壤类型＿＿＿＿＿＿＿＿＿＿＿＿植物类型＿＿＿＿＿＿＿＿＿＿＿＿＿＿
越冬前活虫数＿＿＿＿＿＿头/hm²　越冬后存活虫数＿＿＿＿＿＿头/hm²

样号	虫茧数量/(头/m²)				备注
	总数	活虫数	死虫数	被寄生虫数	
1					
2					
⋮					
100					

表 8-8　草地螟越冬后调查记录表

调查日期_____年___月___日　　地点_____　海拔高度_____ m

经纬度_____　取样面积_____ hm²　折合每 hm² 活虫量_____ 头/hm²

调查点地势、土壤类型_____　植物类型_____

越冬前活虫数_____（头/hm²）　越冬后存活虫数_____（头/hm²）

样号	虫茧数量/（头/m²）				备注
	总数	活虫数	死虫数	被寄生虫数	
1					
2					
⋮					
100					

　　（2）草地螟成虫的调查　　可利用草地螟成虫趋光性特点进行调查，之外采取百步虫量目测法、捕虫网法。每年 5 月中旬开始调查至 8 月中下旬结束，调查时间根据各地草地螟成虫发生时期不同而异。

　　在常年适于成虫发生的场所，设置诱虫灯进行调查。使用虫情测报灯或黑光灯（测报灯和黑光灯在每样点内设 5～6 盏灯，相隔距离 200～300 m）、探照灯（由于探照灯照射幅度范围较广，因此每个样点设 3 盏灯，相隔距离 1 000～1 200 m）进行草地螟成虫诱测。每天傍晚开灯，天亮关灯，第二天检查诱到草地螟成虫，进行计数记录，结果记入表 8-9 内。

表 8-9　草地螟种群数量调查记录表

调查日期＿＿＿＿年＿＿月＿＿日　调查地点＿＿＿＿＿＿＿＿＿　调查方式＿＿＿＿＿＿＿
世代＿＿＿＿＿＿　生境特点＿＿＿＿＿＿＿　气候特征＿＿＿＿＿＿＿　调查记录人＿＿＿＿＿＿

样号	种群数量/[头/(灯·d)]			备注	样号	种群数量/[头/(灯·d)]			备注
	雄性	雌性	合计			雄性	雌性	合计	

　　此外，在常年适于成虫发生的场所，可在草地螟发生地内步行目测蛾量。每3 d调查1次，调查时间在8:00～10:00时或15:00时以后开展。每块地直走100步(单程)，如果虫量过大，每块地直走50步(单程)，估算百步惊蛾数。

　　(3)草地螟卵的调查　选择草地螟成虫产卵田块作物和杂草，每种作物类型各选择1～2块田进行调查。在各代成虫始盛末期，每3 d调查1次。每个样地随机取10个样点，每个样点内取10个样，共取100个，密集作物和杂草每点330 mm×330 mm；稀作物每点10株，最后按株距和行距折算1 m^2的卵量，将调查数据录入表8-10内。

表 8-10　草地螟卵量调查数据记录表

调查日期＿＿＿＿年＿＿＿月＿＿＿日　调查地点＿＿＿＿＿＿＿　调查方式＿＿＿＿＿＿＿
作物＿＿＿＿＿＿　生境特点＿＿＿＿＿　气候特征＿＿＿＿＿＿　调查记录人＿＿＿＿＿＿

样号	卵附着物名称	卵块数/(块/株)	卵粒数/(粒/株)	卵块数/(块/m^2)	卵粒数/(粒/m^2)

（4）草地螟幼虫的调查　　选择草地螟幼虫危害地,于各代卵孵化期开始至老熟幼虫入土作茧,每 3 天调查 1 次。每个样地内随机取 10 个样点,每个样点内取 10 个样,共取 100 个,密集作物和杂草每点 1 m²;稀作物每点 10 株,最后按株距和行距折算 1 m² 的幼虫量或百株虫量计算,将调查数据录入到表 8-11 内。

表 8-11　草地螟幼虫数量田间调查记录表

调查日期_____年____月____日　　调查地点_____　　调查方式_____

作物_____　　气候特征_____　　调查记录人_____

样号	幼虫密度/ （头/m²）	幼虫密度/ （头/株）	百株虫量/ （头/百株）	龄期 /龄	危害损失 /kg

8.3.3　玉米螟的调查

（1）玉米螟越冬前调查　　为了掌握历年发生消长情况及虫量,初步预测第 2 年可能发生和程度,推动冬季治螟工作的开展,应在主要寄主作物收获后,选取播期、品种、生长情况和有代表性的寄主若干处,每处随机取样,各剥秸秆 100～200 株,检验其中活虫数,另外选择虫量大的秸秆,按当地的习惯堆存,以便翌年春季调查化蛹、羽化进度。

冬前基数调查。在玉米收获后贮存秸秆时调查 1 次,每年调查时间相对固定。在选取玉米秸秆、穗轴等不同贮存类型且贮存量较大或集中的地点进行调查。每种贮存类型随机取样 5 点以上,每点剖查不少于 20 株(穗),检查出的总虫数不少于 20 头。剖查方法为:在被害秸秆(或穗轴)蛀孔的上方或下方,用小刀划一纵向裂缝,撬开秸秆(或穗轴),将虫取出。区别螟虫种类及每种螟虫的活、死数量,分别计算各种螟虫的冬前百秆活虫数和幼虫死亡率。死亡原因按真菌、细菌、蜂寄生、蝇寄生及其他等进行辨别,分别计算所占比率。结果记入玉米螟越冬基数调查表(表 8-12)和玉米螟冬前基数调查模式报表(表 8-13)。

表 8-12 玉米螟越冬基数调查表

调查日期_____年___月___日　　调查地点_____　　寄主种类_____

| 样号 | 调查秆数 | 活虫数/头 | 死虫数/头 | 百秆活虫/头 | 死亡率/% | 死亡原因 | | | | | 平均百秆活虫量/头 | 备注 |
						真菌寄生率/%	细菌寄生率/%	蜂寄生率/%	蝇寄生率/%	其他/%		

注:一般虫体僵硬、外有白色或绿色粉状物为真菌寄生,虫体发黑、软腐为细菌寄生,出现丝质茧为蜂寄生,出现蝇蛹为蝇寄生。

表 8-13 玉米螟冬前基数模式报表

序号	项目内容	调查基数
1	调查乡镇数/个	
2	调查总秆数/秆	
3	平均百秆活虫数/(头/百秆)	
4	平均百秆活虫最高数值和年份/(头,年)	
5	平均百秆活虫数比最高年份数量增减比率/(±%)	
6	平均百秆活虫数比历年平均值增减比率/(±%)	
7	越冬幼虫因寄生菌致病死亡率/%	
8	越冬幼虫因寄生蜂(蝇)寄生死亡率/%	
9	越冬幼虫死亡率/%	
10	越冬幼虫死亡率比历年平均值增减比率/(±%)	
11	越冬幼虫死亡率比上年值增减比率/(±%)	
12	秸秆贮存量比历年平均值增减比率(±%)	
13	预计一代玉米螟发生程度	

注:调查时间每年 11 月 30 日前完成,并形成玉米螟越冬前调查报告。

(2)玉米螟越冬后调查 冬后基数调查。在春季化蛹前(1 代区 5 月中旬,2 代区 5 月上旬,3 代区 4 月下旬,4 代区 3 月中旬,5~7 代区 3 月上旬)调查 1 次,田间调查可采取五点式或对角线式取样法。在冬前调查的场所进行。调查结果记入玉米螟冬后基数调查模式报表 8-14 内。

表 8-14 玉米螟冬后基数模式报表

序号	项目内容	调查基数
1	春玉米播种面积/hm^2	
2	春玉米播种面积比历年平均值增减比率/%	
3	调查乡镇数/个	
4	调查总秆数/秆	
5	平均百秆活虫数/头	
6	平均百秆活虫数比历年平均值增减比率/(±%)	
7	平均百秆活虫数比上年值增减比率/(±%)	
8	越冬幼虫死亡率/%	
9	越冬幼虫死亡率比历年平均值增减比率/(±%)	
10	越冬幼虫死亡率比上年值增减比率/(±%)	
11	平均化蛹率/%	
12	预计成虫羽化盛期(月/日—月/日)	
13	成虫羽化高峰期比历年平均值早晚天数/(±天)	
14	预计一代发生面积比率	
15	预计一代发生程度	

8.4 实验报告

(1)根据草原蝗虫种群密度调查数据,统计分析草原蝗虫种群在不同时间段昆虫空间分布型变化趋势。

(2)结合草地螟不同发育阶段探讨预测预报在草地螟综合治理中的作用和意义。

实验 9 草地上常见害虫的防治技术

9.1 实验目的

(1)掌握草地上主要害虫的常用防治技术,服务于草地害虫综合治理。

(2)在认识和掌握害虫发生发展规律的基础上,掌握和践行对草地害虫的综合防治技术。

9.2 实验材料及用具

(1)防治对象 蝗虫:飞蝗(*Locusta migratoria*)、意大利蝗(*Calliptamus italicus* L.)、亚洲小车蝗(*Oedaleus decorus asiaticus* Bey-Bienko)、西伯利亚蝗(*Gomphocerus sibiricus*)、毛足棒角蝗(*Dasyhippus barbipes* Fischer-Waldheim)、草地螟、玉米螟。

(2)用具 各种型号的喷雾器(背负式机动喷雾器、背负式手动喷雾器、超低量喷雾器、超大型车载喷雾器)。

(3)供施药剂 生物药剂(绿僵菌油剂或饵剂、白僵菌油剂或饵剂、微孢子虫、BT 乳剂、昆虫生长调节剂)、化学药剂。

9.3 实验内容及步骤

9.3.1 草原蝗虫防治技术

在自然界蝗虫种类较多,且混合发生,但不同种类之间发生期不同,因此在防治之前要对蝗虫发生区域进行系统调查,确定蝗虫种类、发育阶段、种群密度、优势种、发生面积等内容,按照各地实际情况因地制宜的采取防治措施。

蝗虫防治工作中是否要进行化学防治,可参考以下标准。西伯利亚蝗(*Gomphocerus sibiricus*)在山地草原防治指标为 17.5 头/m²,意大利蝗(*Calliptamus italicus* L.)、红胫韩纹蝗(*Dociostarus kraussi* Ingen)在荒漠、半荒漠草原防治指标为≥8 头/m²。小型种类〔如宽须蚁蝗(*Myrmeleotettix Palpalis*)、狭翅雏蝗[*Chorthippus dubius* (Zubovski, 1898)]等〕为 32.3 头/m²,中型种类〔如大垫尖翅蝗[*Epacromius coerulipes* (Ivanov)]、邱氏异爪蝗[*Euchorthippus cheui* (Hsia, 1964)]等〕为 17.6 头/m²,大型种类〔如红翅皱膝蝗[*Angaracris rhodopa* (Fischer et Walheim,1846)]、朱腿痂蝗[*Bryodema gebleri* (Fischer von Waldheim, 1836)]等〕为 5.2 头/m²;小型蝗虫为优势,伴有少量中型和大型种类混合发生时,防治指标为 26.2 头/m²。毛足棒角蝗[*Dasyhippus barbipes* (Fischer-Waldheim)]为 22.7 头/m²,小蛛蝗(*Aeropedellus variegates minutus*)为 37.4 头/m²,亚洲小车蝗(*Oedeleus asiaticus*)为 16.9 头/m²,宽须蚁蝗(*Myrmeleotettix Palpalis*)为 34.3 头/m²,狭翅雏蝗[*Chorthippus dubius* (Zubovski, 1898)]为 36.7 头/m²。

蝗虫的防治方法主要有 3 种。

(1)生物防治　①牧鸡、牧鸭治蝗。在有条件的蝗区,养鸡、养鸭灭蝗,既能发展养殖业,又保护了草原。②人工筑巢招引益鸟治蝗。在蝗区人工修筑鸟巢和乱石堆,创造益鸟栖息产卵的场所。引益鸟栖息育雏,捕食蝗虫,对控制蝗害效果十分明显,如粉红椋鸟对草原蝗虫捕食率可达 90% 以上。③蝗虫微孢子虫灭蝗。蝗虫微孢子虫是一种专寄生于蝗虫等直翅目昆虫虫体的单细胞生物,可感染 20 多种蝗虫。目前登记的有 0.4 亿孢子/mL 蝗虫微孢子虫悬浮剂,可依照 120～240 mL/hm² 制剂喷雾施药。④微生物农药。在草原蝗虫发生区可以采用 100 亿孢子/mL 绿僵菌油悬浮剂进行喷施,施用剂量 1 200 mL/hm² 左右,也可采用 10 亿孢子/g 的绿僵菌饵剂机械喷洒,用量在 1 500 g/hm² 左右。植物长势好、植被覆盖率较高区域可选择油悬浮剂,在半荒漠、荒漠化植被长势弱、植被覆盖率较低区域可选择饵剂。⑤ 植物源农药。0.3% 印棟素乳油喷雾(180～250 mL/亩),1% 苦参碱溶液喷雾(180～250 mL/亩)。

(2)机械防治　地势平坦、蝗虫密度较高区域可选择吸蝗虫机(内蒙古草原站自行设计制造的 3CXH-220 型吸蝗虫机)。所捕蝗虫可作为优质蛋白饲料用于畜禽养殖业和饲料工业。

(3)药剂防治　①喷雾施药。4.5 单位高效氯氰菊酯乳油、50 g/L 氟虫脲可分散液剂、45% 马拉硫磷乳油、20% 高氯马乳油、20% 阿维·唑磷乳油等喷雾施药,5% 吡虫啉油剂超低容量喷雾施药。②毒饵诱杀。当药械不足和植被稀疏时,用毒

饵防治效果好。将麦麸、米糠、玉米粉、高粱或鲜马粪等 100 份、清水 100 份、90%
敌百虫或 40%氧乐果乳油等 1.5 份混合拌匀,230 kg/hm²(以干料计)。也可用蝗
虫喜食的鲜草 100 份,切碎,加水 30 份,拌入上述药,100～150 kg/hm²;根据蝗虫
取食习性,在取食前均匀撒布。毒饵随配随用,不宜过夜。阴雨、大风和气温过高
或过低时不宜使用。

9.3.2　草地螟的防治技术

(1)农业防治　耕作防治,在草地螟集中越冬区,采取秋翻、春耕、冬灌等措施,
恶化越冬场所的生态条件,可显著增加越冬死亡率,压低越冬虫源数量,减轻第
1 代幼虫的发生量。在成虫产卵前或产卵高峰期除草灭卵,清除田间、地埂杂草,
进行深埋处理,可有效减少田间虫口密度。在老熟幼虫入土期,及时中耕、灌水可
造成幼虫大量死亡。

(2)物理防治　诱杀成虫,利用草地螟的趋光性,成虫发生期在田间设置黑光
灯进行诱杀。据测算,一盏黑光灯可控制和减轻方圆 6.7 hm² 草地螟的危害程
度,诱杀率在 85%以上。

(3)阻止幼虫迁移扩散　在草原、荒坡、江河沿岸等杂草繁茂,幼虫密度大的
地方,在受害田块的周围挖沟或喷撒药带封锁地块,阻止幼虫迁移扩散,封锁虫源。

(4)药剂防治　草地螟幼虫 3 龄期前,种群密度一般为 15～20 头/m² 时可进
行化学防治,可选用 4.5%高效氯氰菊酯乳油 1 500 倍液或 2.5%高效氯氟氰菊酯
乳油 2 000～2 500 倍液,20%三唑磷乳油 2 000～2 500 倍液,进行喷雾杀虫。

(5)生物防治　采用苏云金杆菌、球孢白僵菌等微生物农药及苦参碱、印楝素
等植物农药喷雾施药,可作为草地螟无害化药剂防治,尤其是与化学农药交替使用
的生物农药。

9.3.3　玉米螟的防治技术

(1)白僵菌封垛　在玉米秸秆未处理的区域,越冬代玉米螟羽化前,利用白僵
菌封垛技术防治越冬代玉米螟,应用白僵菌封垛防治玉米螟比对照提高垛内幼虫
罹病率 70%～80%,降低虫量 80%～87%,对一代玉米螟有很好的控制作用。

(2)释放赤眼蜂防治　在一代螟始见卵时开始释放赤眼蜂,每亩 20 000 头,分
两次释放,第 1 次释放 5 d 后释放第 2 次,防治效果达 70%～80%。

(3)小喇叭口期利用白僵菌防治玉米螟　每亩 20 g 拌河沙 2.5 kg,初见花叶
株后及时用白僵菌防治,撒入玉米心叶丛中,防治效果较好。田间花叶株率高,可
以在心叶末期再施一次白僵菌菌沙。白僵菌菌沙防治心叶期玉米螟危害效果明

显,对穗期玉米螟也有很好的控制作用。

(4)化学防治　大喇叭口期用1％辛硫磷颗粒剂、3％广灭丹颗粒剂,用量每亩1~2 kg,使用时加5倍细土;或用0.1％或0.15％氟氯氰颗粒剂,拌10~15倍煤渣颗粒,每株用量1.5 g。或用14％毒死蜱颗粒剂每株1~2 g;或50％辛硫磷乳油按1:100配成毒土混匀撒入喇叭口,每株撒2 g。使用48％毒死蜱50 mL、或三唑磷微乳剂50 mL兑水40~50 kg或使用高效低毒化学农药80％氟虫腈水分散粒剂3 g进行心叶喷雾杀虫。

9.4　实验报告

(1)如何协调生物防治和化学防治?
(2)从生态平衡角度,探讨生物多样性在害虫防治中的意义。

实验 10　牧草病害的症状观察

10.1　实验目的

初步了解牧草病害症状的多样性,观察和识别常见病害的病状和病征类型,为牧草病害的诊断奠定基础。

10.2　实验材料及用具

(1)用具　多媒体教学一体机、解剖镜、手持放大镜等。

(2)标本　豆科牧草(苜蓿、车轴草、红豆草等)锈病和白粉病、苜蓿褐斑病、苜蓿霜霉病、苜蓿春季黑茎病和叶斑病、苜蓿匍柄霉叶斑病、苜蓿尾孢叶斑病(夏季黑茎病)、苜蓿炭疽病、苜蓿镰孢萎蔫和根腐病、苜蓿丛枝病、苜蓿花叶病、车轴草浪梗霉黑斑病、禾草秆锈病、禾草条锈病、禾草叶锈病、禾草条黑粉病和秆黑粉病、雀麦黑穗(粉)病、剪股颖坚黑穗病、早熟禾和狗牙根散黑穗病、苏丹草丝黑穗病、禾草白粉病、禾草麦角病、禾草全蚀病、禾草炭疽病等牧草病害盒装标本。

10.3　实验内容及步骤

播放"植物病害症状"视频,认识常见植物病害的症状;观察所供标本的发病部位、组织病变的性质、病状类型及特点、有无病征及病征类型。

植物病害的症状是植物患病后由于不正常的生理活动而发生在组织上及形态上的综合特征,既表现在患病植物内部,也表现在其外部。外部症状是指患病植物外表所显示的种种病变,肉眼即可识别。外部症状分为"病状"和"病征"两类。病状是指植物在患病后在病部所看到的状态,如褐色的斑点、透明的条纹等;病征是指在病部表面出现的病原物的个体,如菌物的菌丝体、菌核,细菌的菌脓,线虫的虫体,寄生植物的个体等,这些在病害的观察和诊断中十分重要。

1.病状类型

病状的类型很多,变化也很大,根据其特点主要分为以下五大类型,即变色、坏死、腐烂、萎蔫和畸形。

(1)变色　主要发生在植物的叶片、果实及花上,感病部位色泽改变。大多出现在病害症状的初期。变色又可分两种方式:①是病部均匀地变色,常见有:a.褪绿。叶片均匀褪色而呈浅绿色。b.黄化。整株或部分叶片叶绿素很少甚至不能形成,而形成较多叶黄素,色泽变黄,如车轴草黄化病毒病。c.有时还有整个或部分叶片变为紫色或红色。②不均匀变色,常见有:a.花叶。叶片呈现形状不规则的深绿、浅绿、黄绿或淡黄色相间,变色部分轮廓清晰,如苜蓿花叶病。b.斑驳。与花叶相似,但变色斑较大,轮廓不清晰。c.脉明。主脉与支脉褪绿而呈半透明状,叶肉仍呈绿色。

(2)坏死　坏死是细胞和组织的死亡,因受害部位不同而表现各种症状。①叶斑:叶片上较小面积的坏死,此症状在田间最多见。如苜蓿褐斑病、苜蓿尾孢叶斑病、红豆草壳二孢轮纹病、赖草黑痣病。按形状分有圆斑、角斑、条斑、轮纹斑等;按颜色分有黑斑、褐斑、黄斑和白斑等。②叶枯:叶片上较大面积的坏死(相对于叶斑而言,很多叶斑联合在一起形成叶枯)。③叶烧:叶尖和叶缘的坏死。④疮痂:受病部分产生木栓组织与病组织离开,后因健全部分生长迅速,以致病部破裂,表面隆起、粗糙。⑤猝倒和立枯:苗期病害的根部病害,指幼苗近地面茎组织的坏死。其立而不倒即立枯;或很快倒伏即猝倒。⑥溃疡:果树树干上的病害,主要是树木的树干木质部坏死,病部稍微凹陷,周围的寄主细胞有时木栓化,限制病斑的进一步扩展。

(3)腐烂　植物发病部位较大面积的死亡和解体,幼苗或多肉的组织更容易发生。依据发生部位不同,可分为根腐、茎腐、叶腐、花腐、果腐。依据腐烂颜色可分为褐腐、红腐、黑腐等。依据腐烂组织水分流失的快慢又可分为干腐、湿腐和软腐。①干腐:组织的解体较慢,腐烂组织中的水分能及时蒸发而消失,病部表皮干缩或干瘪。②湿腐:组织的解体很快,腐烂组织不能及时失水。③软腐:细胞中胶层受到破坏,致使细胞离析,病部表皮并不破裂,手触柔软而富弹性。

腐烂和坏死的区别:腐烂是整个组织和细胞受到破坏和消解,坏死能保持原有的轮廓。

（4）萎蔫　萎蔫是植物疏导组织受到破坏而引起的。即植物根和茎部维管束组织受到病原物的侵害，造成导管阻塞，影响水分运输而出现局部或全株枝叶下垂。①青枯：病株全株或局部迅速萎蔫，初期早晚可恢复正常，后期即枯死，叶色不黄。②枯萎和黄萎：全株枯萎或局部枯死，叶色可变黄，如苜蓿镰孢根腐病或苜蓿黄萎病。

（5）畸形　植物受病原物产生的激素类物质的刺激而表现的异常生长。可分为增大、增生、减生和变态 4 种。①增生：病组织的薄壁细胞分裂加快，数量迅速增加，使局部组织出现肿瘤和癌肿或丛枝；发根，如苜蓿丛枝病。②增大：病组织的局部细胞体积增大，但数量并不增多。③减生：病部细胞分裂受阻，生长发育减慢，造成植株减缩、矮化、小叶、小果等症状。④变态：花变叶，叶变花，扁枝，厥叶等。

2. 病征类型

（1）霉状物　病原菌物在病部产生各种颜色的霉层、青霉、灰霉、黑霉、赤霉、腐霉等。霉层是由病原菌物的菌丝体、孢子梗和孢子所组成，如苜蓿霜霉病。

（2）粉状物　病原菌物在病部产生各种颜色的粉状物，如苜蓿白粉病、禾草黑粉病。

（3）锈状物　病原菌物产生黄褐色锈状物，如苜蓿锈病、车轴草锈病。

（4）点状物　病原菌物产生褐色、黑色小点（多为菌物的繁殖体，分生孢子器、分生孢子盘、闭囊壳、子囊壳、子囊盘、子座等），如苜蓿褐斑病。

（5）毡状物或漆斑状物　多为菌物的子座，如禾本科牧草香柱病、黑痣病，沙打旺黑斑病。

（6）线状物　病原菌物产生的菌丝和菌核。

（7）菌核　由菌物菌丝集结的组织结构，形状大小差别很大，多数黑色，如各种菌核病。

（8）伞状物、马蹄状物　病原菌物产生（担子菌产生）的子实体，如蘑菇。

（9）脓状物（溢脓）　病原细菌特有的病征，病部出现的脓状黏液，干燥后成为胶质的颗粒，如赖草蜜穗病和苜蓿细菌性叶斑病。

10.4　实验报告

将盒装牧草病害标本症状观察结果整理填入表 10-1。

表 10-1　牧草病害症状类型

病害名称	病状类型	主要特点	病征类型	主要特点
例:苜蓿霜霉病	变色	叶片正面褪绿	霉状物	叶片背面形成灰色霉层

实验 11 豆科主要牧草病害

11.1 实验目的

观察苜蓿、车轴草、红豆草、沙打旺、草木樨等豆科主要牧草病害的症状特点，显微镜检其病原物形态特征，能正确区分易混淆的病害，从而为病害诊断、调查和防治奠定基础。

11.2 实验材料及用具

（1）用具　计算机及多媒体教学设备，显微镜、载玻片、盖玻片、解剖刀、刀片、挑针、透明胶带、纱布、徒手切片工具、蒸馏水滴瓶等。

（2）实验材料　苜蓿霜霉病、苜蓿褐斑病、豆科牧草（苜蓿、红豆草、车轴草、沙打旺、草木樨）白粉病和锈病、苜蓿春季黑茎病和叶斑病、苜蓿匍柄霉叶斑病、苜蓿尾孢叶斑病（夏季黑茎病）、苜蓿炭疽病、苜蓿镰孢萎蔫和根腐病、苜蓿丛枝病、苜蓿花叶病、车轴草浪梗霉黑斑病标本和新鲜病组织材料等。

11.3 实验内容及步骤

11.3.1 苜蓿霜霉病症状与病原观察

（1）症状　常见局部性症状，叶片正面出现不规则形的、淡绿色或黄绿色褪绿斑，潮湿时叶背出现灰白色至淡紫色霉层，即病原菌的孢子囊梗和孢子囊。观察病害标本，注意局部性症状和系统性症状的异同及叶背霉层的颜色。

（2）病原　苜蓿霜霉菌（*Peronospora aestivalis* Syd.）属卵菌门，霜霉属。孢子囊梗由气孔向外伸出，单生或数根丛生，上部二叉状分枝 4~7 次，呈树状，无色透明,最末分枝短小,多呈直角状伸出,分枝末端着生孢子囊。孢子囊球形至椭圆形,无色至淡黄褐色,单胞,表面光滑,无明显乳突(图 11-1)。生长季后期,病组织内部产生卵孢子,藏卵器球形,光滑或皱褶,黄褐色。剪取小块无色透明胶带,粘在叶背有霉层的部分,用手指轻摁一下,之后用镊子撕取下胶带,将此胶带制成临时玻片,置显微镜下观察病菌孢囊梗和孢子囊的形态。注意孢囊梗的分枝特点。

1.游动孢子囊　2.游动孢囊梗

图 11-1　苜蓿霜霉菌

11.3.2　苜蓿褐斑病症状与病原观察

(1)症状　感病叶片出现褐色圆形小点状的病斑,边缘光滑或呈细齿状,互相多不汇合。后期病斑上出现浅褐色盘状突起物,即病原菌的子座和子囊盘。茎上病斑长形,黑褐色,边缘整齐。

(2)病原　苜蓿假盘菌[*Pseudopeziza medicaginis*(Lib.)Sacc.]属子囊菌门,假盘菌属。病菌的子座和子囊盘生于叶片上面的病斑中央部位,一般单生,也有少数几个聚生,初埋生于表皮下,成熟时子实层突破表皮,子囊暴露;子囊棒状,无色;子囊间夹生比子囊细而略长的侧丝,通常无隔,顶端常略膨大。子囊内有 8 个子囊孢子,排成 1～2 列;子囊孢子单胞,无色,卵形至椭圆形(图 11-2)。选取有假囊盘的病组织,徒手切片,观察子囊盘的形态,子囊着生情况及子囊孢子的数量。

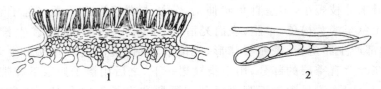

1.子囊盘　2子囊、子囊孢子、侧丝

图 11-2　苜蓿假盘菌

11.3.3　豆科牧草(苜蓿、红豆草、棘豆、车轴草、沙打旺、黄芪)白粉病症状与病原观察

(1)症状　病株叶片的两面、茎、叶柄、荚果等部位都可出现白色粉状斑。由内丝白粉菌属引起的主要发生于叶片正面,当病斑占据叶片大部时,粉层增厚呈绒毡状。由白粉菌属引起的病斑主要生于叶片正面,呈较稀薄的粉层。生长后期,粉层中出现淡黄、橙色至黑色小点,即病原菌的初生至成熟程度不等的闭囊壳。观察标本,注意发病部位,比较由两个不同属菌物引起的白粉病霉层的厚度,闭囊壳着生的位置有什么不同?

(2)病原　引起常见豆科牧草白粉病的病原菌均属于菌物界,子囊菌门。豆科内丝白粉菌(*Leveillula leguminosarum* Golov.)属于内丝白粉菌属,豌豆白粉菌(*Erysiphe pisi* DC.)属白粉菌属,二者均可引起苜蓿、棘豆和红豆草白粉病;而车轴草、沙打旺和黄芪白粉病分别由车轴草白粉菌(*Erysiphe trifolii* Grev.)、豌豆白粉菌(*Erysiphe pisi DC.*)和黄芪白粉菌(*Erysiphea stragali* DC.)侵染引起。

内丝白粉菌属分生孢子大多单个着生于分生孢子梗上,极少串生,单胞,无色,窄卵形、披针形、长椭圆形;闭囊壳埋生于菌丝体中,褐色至暗褐色,球形至扁球形;附属丝较短,菌丝状;子囊多个,椭圆形,宽椭圆形,有较长的柄,内有 2～3 个子囊孢子;子囊孢子无色,单胞,椭圆形(图 11-3A)。

白粉菌属分生孢子单胞,无色,桶形至圆柱形。闭囊壳散生或聚生,球形或扁球形,暗褐色;附属丝较长,菌丝状;闭囊壳内有 3～10 个子囊,子囊卵形、椭圆形,无色有短柄至近无柄,内有 3～6 个子囊孢子;子囊孢子卵形、椭圆形,无色至略带黄色(图 11-3B)。挑取病部霉层上的小点状物制片,注意闭囊壳形状、颜色,附属丝特征。用挑针轻压玻片,比较两种不同菌的闭囊壳破裂后子囊和子囊孢子形态和数目有何不同?

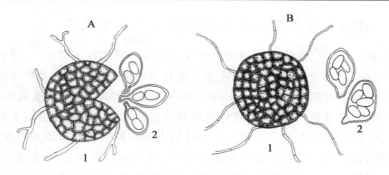

1.闭囊壳和附属丝　2.子囊和子囊孢子

图 11-3　A.豆科内丝白粉菌　B.豌豆白粉菌

11.3.4　豆科牧草(苜蓿、车轴草、甘草)锈病症状与病原观察

(1)症状　叶片两面,以及叶柄、茎等部位受病菌侵染后,受侵染部位出现小的褪绿斑,随后隆起呈疱状,圆形,最后表皮破裂露出棕红色或铁锈色粉末,即锈菌的夏孢子堆。后期出现大量黑褐色粉末状的冬孢子堆。

(2)病原　引起常见豆科牧草锈病的病原菌均属于菌物界担子菌门,单胞锈菌属。条纹单胞锈菌(*Uromyces striatus* Schröt)引起苜蓿锈病(图 11-4A),白车轴草单胞锈菌(*Uromyce strifolii-repentis* Liro)引起车轴草锈病,甘草单胞锈菌[*Uromyces glycyrrhizae* (Rabenh) Magnus]引起甘草锈病(图 11-4B)。单胞锈菌属的夏孢子为单细胞,球形至宽椭圆形,淡黄褐色,壁上有均匀的小刺。冬孢子单胞,宽椭圆形、卵形或近球形,淡褐色至褐色,芽孔顶生,外有透明的乳突,有无色短柄。用蘸水的挑针从孢子堆处分别挑取夏孢子和冬孢子制片,观察夏孢子和冬孢子形态。

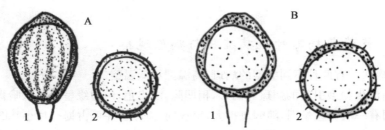

1.冬孢子　2.夏孢子

图 11-4　A.条纹单胞锈菌　B.甘草单胞锈菌

11.3.5　苜蓿春季黑茎病和叶斑病症状与病原观察

（1）症状　叶、茎、荚果以及根颈均可受到侵染。早期在下部叶片、叶柄和茎上出现许多小的、暗褐色至黑色、近圆形或不规则形的黑痣状病斑。当病斑发生于叶缘或叶尖时，常呈近圆形、椭圆形、不规则形或楔形的大斑，颜色自淡黄褐色、褐色至黑色不等，可略呈轮纹状，病斑之外有时具淡黄色晕圈。病斑死组织上可见不太明显的小点，即病原的分生孢子器。茎和叶柄上的病斑呈长椭圆形或不规则形，深褐色至黑色，稍凹陷。植株下部茎大面积变黑，后期病斑中央色变浅，在适宜条件下，病斑上产生许多小黑点状分生孢子器，有时使茎开裂呈"溃疡状"，或使茎环剥和死亡。观察标本，注意病害在叶片和茎秆症状的差异。

（2）病原　苜蓿茎点霉（*Phoma medicaginis* Malbr. & Roum. var. *medicaginis* Boerema）属半知菌类，茎点霉属菌物。分生孢子器球形、扁球形，散生或聚生于越冬的茎斑或叶斑上。分生孢子无色，卵形、椭圆形、柱形，直或弯，多数为无隔单胞，少数双胞（图 11-5）。挑取病部小黑点制片，结合病组织徒手切片，观察分生孢子器外部和内部形态。

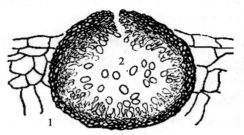

1.分生孢子器　2.分生孢子

图 11-5　苜蓿茎点霉

（引自许志刚，2003）

2.3.6　苜蓿匍柄霉叶斑病症状与病原观察

（1）症状　有两种不同类型的病斑：高温型和低温型。

由高温生物型引起的病斑卵圆形，稍凹陷，淡褐色，向边缘呈扩散状暗褐色环带，病斑外围有一淡黄色晕圈，随病斑扩大，出现同心环纹，并可占据一片小叶的大部分。

低温型病斑淡黄褐色，形状稍不规则，带有轮廓明显的暗褐色边缘，病斑大小一般为 3～4 mm，一旦边缘出现即不再扩大。孢子形成被限于淡褐色病斑内部。

(2)病原　现已记载引起苜蓿匐柄霉叶斑病的病菌至少有 5 种,匐柄霉菌(*Stemphylium* spp.)属半知菌类匐柄霉属(图 11-6)。分生孢子梗单生或束生,直立,褐色,具 2~4 个横隔,顶部膨大,上单生分生孢子。成熟的分生孢子卵圆形至宽椭圆形,淡黄褐色,具较深的黄褐色纵横隔膜,中间横隔处明显缢缩,胞壁黄褐色,表面密生小刺,基部常有一个大的孢痕。观察 PDA 上培养的新鲜菌落形态、颜色,挑取少量培养物制片,观察分生孢子梗和分生孢子的形态特点。

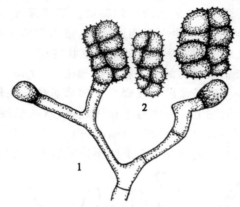

1.分生孢子梗　2.分生孢子

图 11-6　匐柄霉

11.3.7　苜蓿尾孢叶斑病(夏季黑茎病)症状与病原观察

(1)症状　叶片上出现小的褐色斑点,以后扩大成具不规则边缘大斑,直径 2~6 mm,外围常呈黄色。孢子产生时病斑变成银灰褐色。茎部感染出现红褐色至巧克力色的长形病斑,病斑扩大并汇合直到大部分茎变色。

(2)病原　苜蓿尾孢菌(*Cercospora medicaginis* Ell. & Ev.)属半知菌类,尾孢属。分生孢子梗 3~12 个束生,有隔膜 1~6 个。分生孢子梗屈膝状,合轴式产孢。分生孢子无色,直或微弯,圆柱形至针形,基部稍宽,向上渐窄,有不明显的多个分隔,呈鼠尾状(图 11-7)。用刀片刮取病组织表面霉层制片,观察分生孢子形状、大小、分隔数;病组织徒手切片,观察分

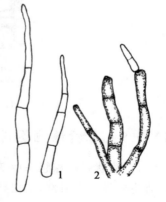

1.分生孢子　2.分生孢子梗

图 11-7　苜蓿尾孢菌

生孢子梗着生和顶端曲折状特点。

11.3.8　苜蓿炭疽病症状与病原观察

（1）症状　病斑出现于植株的各部位，但以茎秆上常见。在感病植株的茎上，出现大的卵圆形至棱形病斑，大病斑稻草黄色，具褐色边缘。病斑变成灰白色，其上出现黑色小点，即病菌分生孢子盘。病斑扩大时相互汇合，环茎一周。

炭疽病最严重的症状是青黑色的根颈腐烂。茎基部青黑色并折断，在死的枝条上部看不到病斑。叶部可产生不规则形病斑，常占据整个叶片。叶柄受害时变黑枯死。观察标本，比较不同发病部位的不同症状特点。

（2）病原　引起苜蓿炭疽病的有 3 种刺盘孢菌（*Colletotrichum* spp.），均属半知菌类，炭疽菌属。分生孢子盘散生或聚生在稻草黄色的病斑上，座垫状，突破寄主表皮，内有或多或少的刚毛。分生孢子梗无色，柱状或纺锤状，其顶端着生分生孢子，分生孢子单胞，无色，直，短柱状，两端圆（图 11-8）。切取病组织上的小黑点徒手切片，观察分生孢子盘内部分生孢子梗和分生孢子形态特点。

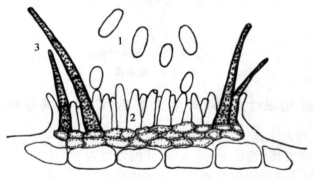

1.分生孢子　2.分生孢子梗　3.刚毛

图 11-8　刺盘孢菌

11.3.9　苜蓿镰孢萎蔫和根腐病症状与病原观察

（1）症状　植株感病后变弱，枝梢萎蔫下垂，叶片变黄枯萎，常有红紫色变色。病害主要发生在根部，主根导管呈红褐色至暗褐色条状变色、横切面上出现小的部分或完整的变色环。维管束变色较深，与细菌引起的萎蔫变成淡褐色至黄褐色相区别。变色的组织也更清晰，通常皮层不受侵染。

（2）病原　引起苜蓿镰孢萎蔫和根腐病的有多种镰孢霉（*Fusarium* spp.），属半知菌类,镰孢霉属菌物。在大多数培养基上能迅速生长,培养物毡状到絮状,菌丝无色,菌落从无色到淡橙红色到蓝紫色或灰蓝色。多形成大小两种类型的分生孢子。小型分生孢子无色,单细胞,卵形到椭圆形或柱形。大型分生孢子多细胞,镰刀形(图 11-9)。厚垣孢子间生或端生。将病根用流水冲洗净,保湿培养 2～3 d,挑取表面霉层制片,或用病部分离的新鲜培养物制片,观察大、小两种分生孢子形态。

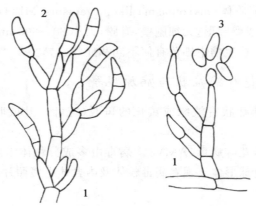

1.分生孢子梗　2.大型分生孢子　3.小型分生孢子

图 11-9　镰孢霉

11.3.10　苜蓿黄萎病症状与病原观察

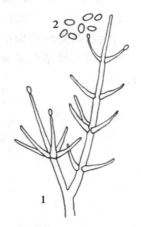

(1)症状　叶片从叶尖和叶缘开始变黄,中脉两边仍保持绿色。病株节间缩短,仅为健株的 1/3～1/2。病株的叶柄、花梗、病茎和病根切开后可见其维管束变成黄色或黄褐色。观察标本,并剖茎检查病株维管束是否变色。

(2)病原　引起苜蓿黄萎病的主要是黑白轮枝孢(*Verticillium albo-atrum* Reinke & Berth.),其次大丽轮枝孢(*Verticillium dahliae* Kleb.),均属半知菌类,轮枝孢属。菌丝无色,有时也产生暗色菌丝,分生孢子梗发达,直立,无色,轮状分枝,每节隔膜处生多个瓶状小梗(小枝),其顶端单生椭圆形或圆筒形的无色分生孢子(图 11-10)。挑取苜蓿黄萎病菌新鲜培养物制片,观察分

1.分生孢子梗　2.分生孢子

图 11-10　轮枝孢

生孢子梗轮状分枝结构及分生孢子形状、大小、颜色,着生情况。

11.3.11　苜蓿丛枝病症状与病原观察

(1)症状　病株由根颈和茎上的腋芽长出大量短而细弱的枝条,数目多达几百至几千个,密密地交织在一起。小叶变圆、皱缩,边缘褪绿,小的肉质茎呈淡绿色,使矮化的全株呈现黄色。一些感病植株小花变为绿色。

(2)病原　类菌质体(mycoplasma-like organisms,MLO)属原核生物中植原体属。菌体椭圆形或卵圆形,无细胞壁,有膜,大小 80～800 nm。观看多媒体课件图片,比较菌体与原核生物中细菌有何不同和症状差异?

11.3.12　苜蓿花叶病症状与病原观察

(1)症状　叶部症状有淡绿或黄化的斑驳(花叶),叶或叶柄扭曲变形,枝茎矮化。

(2)病原　苜蓿花叶病毒(AMV)。病毒由多成分粒体组成,一种是长形或秆菌状的,另一种为近球形体。观看病毒粒体及内含体电镜照片,注意形状和大小。

11.4　实验报告

(1) 绘豆科牧草锈病病菌夏孢子和冬孢子形态图。
(2)仔细观察苜蓿褐斑病病菌假囊盘纵切面、绘子囊和子囊孢子形态图。
(3)绘苜蓿霜霉病菌孢囊梗和孢子囊形态图。
(4)绘豆科牧草白粉病菌分生孢子梗及分生孢子,闭囊壳、子囊和子囊孢子形态图。

实验 12   禾本科牧草病害

12.1   实验目的

识别禾本科牧草上常见病害的症状特点和病原物形态特征,能正确区分易混淆的病害,从而为病害诊断、调查和防治奠定基础。

12.2   实验材料及用具

(1)用具   幻灯机、投影仪、计算机及多媒体教学设备,显微镜、载玻片、盖玻片、解剖刀、刀片、挑针、无色透明胶带、纱布、徒手切片工具、蒸馏水滴瓶等。

(2)实验材料   禾草秆锈病、禾草条锈病、禾草叶锈病、禾草条黑粉病和秆黑粉病、雀麦黑穗(粉)病、剪股颖坚黑穗病、早熟禾和狗牙根散黑穗病、苏丹草丝黑穗病、禾草白粉病、禾草麦角病、禾草全蚀病、禾草炭疽病标本;新鲜病组织材料;病原物玻片;挂图;多媒体教学课件。

12.3   实验内容及步骤

12.3.1   谷子白发病症状与病原观察

(1)症状   叶片两面沿叶脉形成淡绿色至黄褐色条斑,叶背面出现不规则形的灰白色至白色霉层,即病原菌的孢子囊梗和孢子囊,病斑破裂后呈"白发状"。观察病害标本,注意局部性症状和系统性症状的异同及叶背霉层的颜色。

(2)病原:禾生指梗霉[*Sclerospora graminicola*(Sacc.)Schröt]属卵菌门,指梗霉属。孢囊梗无色,由气孔向外伸出,顶部分枝 2~3 次,主枝粗,最后小分枝呈圆锥状。孢子囊广卵圆形至近球形,透明无色,萌发时形成游动孢子。卵孢子球形,近球形至长圆形,淡黄色或黄褐色,产生于受浸染寄主变褐色的部分。剪取小块无色透明胶带,粘在叶背有霉层的部分,将此胶带制成临时玻片,置显微镜下观察病菌孢囊梗和孢子囊的形态。注意孢囊梗的分枝特点。

该菌还可引起狗尾草霜霉病,其叶片正面形成黄白色大条斑,叶背面生灰白色霉状物,后期延叶脉破裂。

12.3.2　禾草白粉病症状与病原观察

(1)症状　地上器官均可受侵染,叶和叶鞘受害最重。病部出现蛛网状、粉状霉层,后期霉层中出现黄色、橙色、褐黑色小点,即病菌的不同成熟程度的闭囊壳。观察病株,注意危害部位,病部霉层特点及有无黑色颗粒状物产生。

(2)病原　布氏白粉菌[*Blumeria graminis* (DC.) Speer]属子囊菌门,布氏白粉菌属。菌丝体无色,产生直立的分生孢子梗,上串生分生孢子。分生孢子无色,单胞,卵圆形、椭圆形。闭囊壳球形、扁球形,成熟后壁黑褐色。附属丝短菌丝状,不分枝,无色,无隔膜。闭囊壳内有子囊 8～30 个。子囊长卵圆形,无色,内有4～8 个子囊孢子。子囊孢子椭圆形,单胞,无色(图 12-1)。挑取病部霉层上的小点状物制片,注意闭囊壳形状、颜色、附属丝特征。用挑针轻压玻片,观察闭囊壳破裂后有几个子囊散出,子囊和子囊孢子的特点。

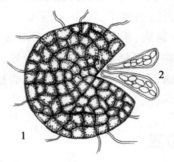

1.闭囊壳和附属丝　2.子囊和子囊孢子

图 12-1　布氏白粉菌

12.3.3　禾草麦角病症状与病原观察

(1)症状　麦角菌只侵染禾本科花器,罹病小花初期分泌淡黄色蜜状甜味液体,称为"蜜露",内含大量麦角菌的分生孢子。病粒内的菌丝体常发育成坚硬的紫黑色菌核,呈角状突出于颖片之外,故称"麦角"。有些禾本科的花期短,种子成熟早,不常产生麦角,只有"蜜露"阶段。观察标本,注意麦角与正常麦粒形状、大小的差异。

（2）病原　麦角菌[*Claviceps purpurea*（Fr.）Tul.]属子囊菌门,麦角菌属。病原菌的菌核呈香蕉状、柱状,表层紫黑色,内部白色,质地坚硬。菌核萌发产生有长柄的头状子座;子囊壳着生在子座内;子囊长筒形;子囊孢子丝状。观察麦角菌属永久玻片标本,注意子囊壳着生的位置,子囊和子囊孢子的形态特点。

12.3.4　禾草全蚀病症状与病原观察

（1）症状　病草根部、茎基部、地下茎等地下器官变为黑色,根系很短。后来茎基部和叶鞘内侧以及茎表面出现灰黑色菌丝体,后呈栗褐色,膏药状。土壤湿度较大时,病叶鞘内侧出现黑褐色小粒,即病菌的子囊壳。观察病株基部和根部,注意根部是否变黑,叶鞘内侧和茎秆上有无黑色菌丝层,叶鞘上有无黑色颗粒状物。

（2）病原　禾顶囊壳[*Gaeumannomyces graminis*（Sacc.）Arx & D. L. Olivier]属子囊菌门,顶囊壳属。菌丝粗壮、黑褐色。子囊壳黑色,埋生于叶鞘组织内,烧瓶状,顶端有短的喙状突起。子囊多个,棒状、直形或弯曲,有多数线状侧丝,内有 8 个平行排列的子囊孢子。子囊孢子无色,线状,多胞。取病根或叶鞘内侧组织小块放于乳酚油中加热透明,制成临时玻片观察,注意组织表面有无黑褐色的匍匐菌丝,菌丝分枝是否呈锐角。挑取病部小黑点制片观察,注意子囊壳的形状,子囊和子囊孢子特征。

12.3.5　禾草秆锈病症状与病原观察

（1）症状　植株地上部分均可受侵染,而以茎秆和叶鞘发生最重。病部出现较大的、长圆形疱斑,以后此处的寄主表皮破裂,露出黄褐色粉末状孢子堆,即夏孢子堆;后期出现黑褐色、近黑色粉末状冬孢子堆。

（2）病原　禾柄锈菌（*Puccinia graminis* Pers.）属担子菌门,柄锈菌属。夏孢子单胞,长圆形,黄褐色,表面有小刺;冬孢子棒状,双胞,分隔处缢缩,棕褐色,下部色较淡,壁光滑,顶壁厚,两侧壁薄,顶端圆锥形或圆形,柄与冬孢子长度相近或更长（图 12-2A）。

12.3.6　禾草冠锈病症状与病原观察

（1）症状　病菌主要为害叶片,也侵染其他地上器官。夏孢子堆叶两面生,初为黄色。橙褐色疱斑,而后寄主表皮破裂露出橘黄色粉末状夏孢子堆。生长后期,衰老叶片背面出现黑褐色稍隆起的丘斑,即病菌的冬孢子堆。

（2）病原　禾冠柄锈菌（*Puccinia coronata* Corda）属担子菌门,柄锈菌属。夏孢子堆叶两面生、椭圆形、长条形。夏孢子球形、宽椭圆形、卵圆形、淡黄色，有细刺，有芽孔 6~8 个，散生；冬孢子堆多生于叶背，寄主表皮不破裂；冬孢子棒形，双胞，栗褐色，顶端有 3~10 个指状突起，上宽下较细，分隔处缢缩不明显；柄短而色淡（图 12-2B）。

12.3.7　禾草条锈病症状与病原观察

（1）症状　地上部分均可受害，但主要发生于叶片。夏孢子堆小形，鲜黄色，不穿透叶片，沿叶脉排列成虚线状（"针脚"状），初为小丘斑状，后寄主表皮破裂露出粉末状夏孢子堆。冬孢子堆主要生于叶背面，近黑色，表皮不破裂，形状与排列形式类似夏孢子堆。

（2）病原　条形柄锈菌（*Puccinia striiformis* West）属担子菌门，柄锈菌属。夏孢子单胞，球形、卵形，淡黄色，壁有细刺，有芽孔 3~5 个，散生。冬孢子双胞，棒状，深褐色，下部较淡，分隔处稍缢缩，顶壁平截、斜切或钝圆（图 12-2C）。

12.3.8　禾草叶锈病症状与病原观察

（1）症状　主要发生于叶部，其他地上部分受害较少。夏孢子堆较小，近圆形，赤褐色，粉末状，排列不整齐，通常不穿透叶背。冬孢子堆多生于叶背或叶鞘上，黑色，近圆形，不突破表皮，扁平。

（2）病原　隐匿柄锈菌（*Puccinia recondita* Rob. & Desm.）属担子菌门，柄锈菌属。夏孢子单胞，球形、宽椭圆形，淡黄色，壁有细刺。冬孢子棒状，顶部圆形或平直，分隔处稍缢缩，孢壁栗褐色，柄短，无色（图 12-2D）。

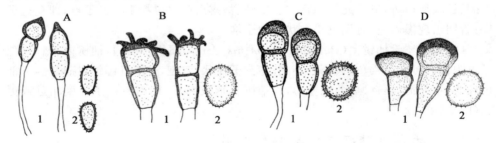

1.冬孢子　2.夏孢子

图 12-2　A.禾柄锈菌　B.禾冠柄锈菌　C.条形柄锈菌　D.隐匿柄锈菌

注意观察比较 4 种锈病夏孢子堆发生部位、排列、色泽、破裂情况及冬孢子堆的特点，有何区别？观察 4 种锈病病菌的玻片标本，比较夏孢子和冬孢子的形状、颜色和大小等方面的区别。

12.3.9 禾草条黑粉病和秆黑粉病症状与病原观察

（1）症状　两者症状相同,表现为受侵染的叶片和叶鞘上初产生长短不一的黄绿色条斑,条斑以后变为暗灰色或银灰色,表皮破裂后释放出黑褐色粉末状冬孢子,而后病叶丝裂、卷曲并死亡,呈浅褐色或褐色。

（2）病原　条黑粉菌[*Ustilago striiformis* (Westend) Niessl]属担子菌门,黑粉菌属,引起禾草条黑粉病,冬孢子球形、近球形,偶有形状不规则的,暗榄褐色,壁有细刺。而冰草茎黑粉菌[*Urocystis agropyri* (Preuss) Fisch.]属担子菌门,条黑粉菌属,引起禾草秆黑粉病,冬孢子团球形、椭圆形,多由1～3个冬孢子组成,偶见4个者,外有一层无色的不孕细胞包被。冬孢子单胞,圆形、光滑,榄褐色(图12-3)。挑取病部黑粉制片,观察冬孢子形态,诊断该病害属于条黑粉病还是秆黑粉病?

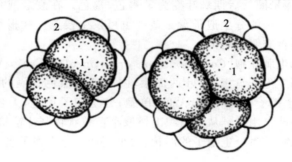

1.冬孢子　2.不孕细胞

图 12-3　冰草茎黑粉菌

12.3.10 雀麦黑穗(粉)病症状与病原观察

（1）症状　系统性侵染病害,病株抽穗前症状不明显,抽穗后表现症状。病菌主要危害花器。子房被破坏变为泡状孢子堆。孢子堆外覆盖着寄主组织产生的膜,灰色,其多少受颖片所包被。后期膜破裂,冬孢子堆裸露,黑粉状,有时黏结成团块。在同一花序上可同时存在有病小穗和健康小穗。病小穗较短而宽。

（2）病原　雀麦黑粉菌(*Ustilago bullata* Berk)属担子菌门,黑粉菌属。冬孢子单胞,球形、卵形,壁有小疣,榄褐色。用挑针从病材料上挑取少量黑粉,制片镜检。注意孢子的形状、颜色、表面是否有微刺。

12.3.11　剪股颖坚黑穗病症状与病原观察

（1）症状　病株地上及地下部分生长停滞,病株只有穗部产生黑粉（冬孢子）,子房完全变为孢子堆,但果皮完好,故黑粉不散出。比较该病与禾草散黑穗病的植株矮化程度、病粒的外膜的坚硬度、中柱的裸露情况是否一样,有何区别。

（2）病原　引起剪股颖坚黑穗病的有多种腥黑粉菌（*Tilletia* spp.）,属担子菌门,腥黑粉菌属。冬孢子淡黄褐色至无色,球形,单胞,壁有疣刺,外有透明的不孕细胞包被,常有腥味。用挑针从病材料上挑取少量黑粉,制片镜检。注意孢子的形状、颜色、表面是否有网纹。

12.3.12　禾草炭疽病症状与病原观察

（1）症状　病叶上出现圆形、长棱形红褐色病斑,可互相汇合布满使叶片枯死,病斑之外常有褪绿晕圈。后期病叶变为黄褐色、褐色。在衰老或死亡的叶片上产生大量小黑点,即病菌的分生孢子盘。茎部也可发生侵染。病根呈褐黑色。观察标本,注意病部是否有明显病征。

（2）病原　禾生刺盘孢［*Colletotrichum graminicola*（Ces.）Wils.］属半知菌类,炭疽菌属。分生孢子盘黑色,叶两面生,内有多数黑色有隔的刚毛,直形或弯曲,顶端尖锐;分生孢子梗短柱形,无色,单胞;分生孢子单胞,无色,镰刀形、纺锤形,有 2 至数个油球。用挑针从病组织上挑取小颗粒状物制片镜检,观察分生孢子盘及分生孢子梗的形态;分生孢子的形状、大小、色泽;分生孢子盘上有无刚毛。

12.3.13　禾草黑痣病

（1）症状　在叶片两面出现小的圆形、卵形或长形盾状黑斑,其外有黄色晕圈。叶片衰老时,黑斑周围仍保持绿色,黑斑稍隆起,有光泽,为病原菌的假子座。

（2）病原　禾黑痣菌［*Phyllachora graminis*（Pers.）Fuckel］属子囊菌门,黑痣菌属。子囊壳群生、埋生于黑色的假子座内,烧瓶状;子囊棒状,无色,内有 8 个子囊孢子;子囊孢子单胞,椭圆形,无色;子囊间有侧丝,比子囊略长。引起多种禾本科牧草黑痣病,如马唐属、冰草属、剪股颖属等。

12.4　实验报告

（1）完成方法与步骤中提出的问题。

（2）比较几种禾草几种黑粉（穗）病症状异同并绘出其病原菌冬孢子形态图。

（3）绘禾草白粉病菌分生孢子梗、分生孢子、闭囊壳、子囊和子囊孢子形态图。

实验 13　主要饲料作物病害

13.1　实验目的

认识甜菜、玉米主要病害症状特点和病原物形态特征,能正确区分易混淆的病害,从而为病害诊断、调查和防治奠定基础。

13.2　实验材料及用具

(1)用具　幻灯机、投影仪、计算机及多媒体教学设备,显微镜、载玻片、盖玻片、解剖刀、刀片、挑针、无色透明胶带、纱布、徒手切片工具、蒸馏水滴瓶等。

(2)实验材料　玉米瘤黑粉病、丝黑穗病、甜菜立枯病、褐斑病、白粉病、蛇眼病、根腐病标本;新鲜病组织材料;病原物玻片或培养的新鲜菌体;挂图;多媒体教学课件。

13.3　实验内容及步骤

13.3.1　甜菜白粉病症状与病原观察

(1)症状　病部最初布有白色放射状菌丝,当条件适宜时,迅速扩展,使叶片、花梗等被害器官表面布满一层白色粉状物,即病菌分生孢子梗和分生孢子。后期在白粉层上长出初为浅黄色后变黑褐色小粒点,即病菌有性世代闭囊壳。

(2)病原　甜菜白粉菌[*Erysiphe betae*（Vaňha）Weltzien]属子囊菌门,白粉菌属。菌丝无色,无性世代在菌丝上产生分化不明显的、无色、短柱状分生孢子梗,顶生分生孢子。分生孢子无色、单胞、椭圆形,串生。成熟后脱落。有性世代产生闭囊壳黑褐色、球形,附属丝丝状,有隔膜,单生,少有分枝。闭囊壳内含 4～8 个无色、椭圆形、卵形或梨形的子囊,每个子囊内一般生 4 个单胞、无色、卵形至椭圆形子囊孢子,有时一个子囊内含 6 个子囊孢子。挑取甜菜白粉病病部黑色小颗粒,镜检闭囊壳及其附属丝形态,轻压使其释放子囊,观察子囊及子囊孢子数目。刮取白色粉状物,镜检分生孢子形态。

13.3.2　玉米瘤黑粉病症状与病原观察

(1)症状　玉米自苗期至生长后期地上部分均可发病。病部形成大小不同的瘤状物,后期瘤内充满黑粉,外被白色或粉红色包膜,最后包膜破裂散出黑粉。观察玉米植株各部位病瘤的特点,哪些部位容易受害。

(2)病原　玉米瘤黑粉菌[*Ustilago maydis*(DC.) Corda]属担子菌门,黑粉菌属。后期病瘤内的黑粉即病菌的冬孢子,冬孢子球形至椭圆形,褐色,表面具微刺,在 20~30℃ 蒸馏水中很易萌发出有隔担子,担子 3 横隔,侧生一个或多个无色纺锤形担子孢子(图 13-1)。将玉

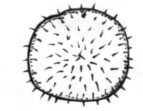

图 13-1　玉米瘤黑粉菌冬孢子

米黑粉菌冬孢子挑到载玻片上,制成临时玻片,在高倍镜下观察冬孢子形状、颜色、表面有无刺状突起等。

13.3.3　玉米丝黑穗病症状与病原观察

(1)症状　玉米种芽期至苗期侵染,后期发病,因发病部位不同可分 3 大类。①病叶:一般发生在重病区,病叶变宽,产生穿孔或断裂,穿孔或断口具不整齐的黑边,状似火烧。②烂头:雄穗快抽出前,生长点停止生长,肿大,并向下干腐,散出黑粉,残留丝状维管束组织。③病穗:根据表现形态分为两种类型。A. 灰包型:直接因病菌所致,果穗或雄穗上产生外被灰色包膜的黑粉包,包膜破裂散出黑粉后残留丝状物。B. 异质增生型:受病菌毒素(吲哚乙酸)影响,果穗或雄穗上产生一些变态,如雄穗花序叶片化,雄穗苞叶因过度伸长而呈"刺猬头"状等畸形。

(2)病原　孢堆黑粉菌[*Sporisorium reilianum*(Kühn) Langdon & Full.]属担子菌门,孢堆黑粉菌属。病部黑粉即病菌的冬孢子。冬孢子球形或近球形,黄褐色、暗紫色或赤褐色,具厚壁,表面有小刺,在蒸馏水中萌发率很低,若以 2% 蔗糖为浮载剂,萌发率会明显提高。将玉米黑粉菌冬孢子挑到载玻片上,制成临时玻片,在高倍镜下观察冬孢子形状、颜色、表面有无刺状突起等。

13.3.4　甜菜立枯病症状与病原观察

（1）症状　子叶期胚轴变黑、变细而枯死。而真叶出生时一般发病的症状是：最先在幼根和子叶下胚轴出现水浸浅褐色病斑，逐渐变为深褐色、黑色，病斑上下扩展，严重时遍及整个下胚轴和根部，感病较轻的幼苗，虽能继续生长，但常常形成两头粗中间细的丫形根，或因主根坏死，又生出许多茬根。

（2）病原　主要有以下种类：①甜菜蛇眼病菌（*Phoma betae* Frank）属半知菌类，球壳孢目、茎点霉属。分生孢子器暗黑色、球形或椭圆形，内有大量近圆形或椭圆形、无色、单胞的器孢子（分生孢子）。挑取病部小黑点制成临时玻片，观察分生孢子器及分生孢子形态。②立枯丝核菌（*Rhizoctonia solani* Kühn）属半知菌类，丝核菌属。菌丝多为直角分枝，分枝处有缢缩，分枝附近有隔膜。挑取丝核菌新鲜培养物制片，观察菌丝分枝情况，是否有缢缩、有隔膜。③镰刀菌（*Fusarium* spp.）属半知菌类，镰孢霉属。可产生大、小两种类型的分生孢子。大型分生孢子多细胞，镰刀形；小型分生孢子单细胞，椭圆形至卵圆形。挑取镰刀菌新鲜培养物制片，观察大、小型分生孢子形态。

13.3.5　甜菜褐斑病症状与病原观察

（1）症状　叶片上最初生圆形小斑，呈褐色；以后病斑扩大成圆形，中央呈黑褐色或灰色，边缘呈紫褐色或红褐色；病斑逐渐变薄变脆，容易破裂或穿孔脱落，雨后或有露水时，病斑上可产生灰色霉状物。

（2）病原　甜菜生尾孢菌（*Cercospora beticola* Sacc.）属半知菌类，尾孢属。病菌只能形成分生孢子。分生孢子梗色暗，常 10 多根丛生，自气孔伸出。分生孢子无色，鞭状，顶端尖，基部较粗。刮取甜菜褐斑病病部霉层，镜检分生孢子梗及分生孢子形态。

13.3.6　甜菜蛇眼病症状与病原观察

（1）症状　叶片被侵染后，首先在病部产生浅褐色水渍状小圆斑，后逐渐扩大，病斑中央变为灰白包，具同心轮纹。其上产生黑褐色小粒点，即病菌分生孢子器。

（2）病原　甜菜蛇眼病菌（*Phoma betae* Frank）属半知菌类，茎点霉属。分生孢子器球形或扁球形，暗褐色，埋生于寄主组织下，内生大量分生孢子，分生孢子在孢子器内混于胶质物中，吸水后从孢子器孔口呈卷状溢出。分生孢子无色，单胞，近椭圆形，具 2～4 个油滴（多数 2 个）。挑取甜菜蛇眼病病斑上的分生孢子器，观察其形态及释放的分生孢子。

13.3.7　甜菜丛根病症状与病原观察

（1）症状　①地上部分有以下几种症状：a.叶片黄化，边缘出现波状褶皱，植株矮化。b.叶脉黄化坏死。c.叶片出现环状褐斑，扩大成不规则黑褐色斑块、叶片焦枯、内卷，最后全叶变黑枯死。d.以上3种症状同时出现，植株严重矮化。②根部症状：首先侧根变褐、变细、坏死，之后主根维管束也变褐色、变硬（木质化）。主根从下向上腐烂。不发生腐烂的块根，从侧根处丛生大量胡须状的细根。根的横切面上可看到中柱及维管束由黄色逐渐变成褐色。

（2）病原　甜菜丛根病是一种病毒病，由甜菜多黏菌携带的甜菜坏死黄脉病毒（beet necrotic yellow vein virus，简写为 BNYVV）侵染甜菜块根引起。BNYVV粒体杆状。

观察病害症状标本掌握甜菜丛根病的几种症状类型。

13.4　实验报告

（1）绘玉米瘤黑粉病菌冬孢子萌发形态图。

（2）绘甜菜白粉菌的闭囊壳及内含的子囊和子囊孢子及其分生孢子梗和分生孢子形态图。

（3）绘甜菜褐斑病菌分生孢子梗及分生孢子形态图。

（4）绘甜菜蛇眼病菌分生孢子器及分生孢子形态图。

（5）描述甜菜丛根病的几种症状特点。

实验 14　牧草病害标本的采集、整理与制作

14.1　实验目的

（1）进行初步的田间观察实践，识别病害、虫害、伤害；认识病害症状的表现特征，培养初步的病害观察和诊断能力。

（2）通过本实验了解牧草病害标本的采集和整理方法，掌握标本的制作方法。

14.2　实验材料及用具

标本夹、标本纸、记载薄、扩大镜、小刀、整枝剪、手锯等。

14.3　实验内容及步骤

14.3.1　采集标本的要求

（1）注意采集病害的症状应具有典型性，有明显的病状或病征表现。对不认识的寄主植物，一定要采集它的花、果实以备鉴定。

（2）每种标本上的病害种类应力求单纯，尽量避免采集复合侵染标本。

（3）每种标本采集的件数不能太少，在制作和鉴定过程中常有损坏，要根据需要量和实际情况决定采集量。

（4）采集时应进行必要的记载，采集的标本必须挂有采集号签，其编号一定要与采集记载本上的编号一致，以备查对。

14.3.2　标本的整理

将采集的适于压制的标本（植物茎、叶等）分层压在标本夹中。通常在最初压制的 3 d 内，每天换纸 1～2 次（视标本含水量的多少及温湿度情况而定），以后每

2～3 d换纸一次,直至标本彻底干燥为止。在第一次换纸的同时,将标本加以整理,此时标本经初步干燥,变软易于铺展。有些水分过多的标本可以夹在吸水纸中用熨斗烫压,使它快速干燥而保持原来的色泽。

14.3.3 标本的制作

(1)盒装标本的制作方法 示范和教学中常用的玻面纸盒装的腊叶标本。标本盒规格一般为 28 cm×20 cm 或 34 cm×27 cm,盒盖上镶有玻璃。装时先在盒内铺一层海绵,高度略低于盒表面,然后将标本置于海绵上,放少许樟脑丸防虫。写好标签,标签上注明病害名称、寄生菌名称、采集地点和采集日期等。标签应统一放在标本盒的右下角,盖好玻璃盖,四周用大头针固定。

(2)瓶装标本的制作方法 块根、块茎、果实类的标本,柔软肉质的菌类籽实体等,为了保持这些标本原来的色泽和症状,常需用浸渍液制成瓶装标本。浸渍液随寄主色泽或浸渍目的不同而有不同的配制方法。

常用的浸渍液有:①防腐浸渍液:福尔马林 25 mL ＋95%酒精 150 mL ＋水 1 000 mL。②保存绿色浸渍液:醋酸铜(2～5) g＋醋酸 100 mL＋(3～4)倍水,加热至沸,投入标本,漂去其原来绿色,并重新染上绿色,取出标本清水洗净,然后保存在 5%的福尔马林液中。③保存黄色或橘红色标本的浸渍液:将亚硫酸配成 4%～10%的稀溶液,再加少许酒精和甘油。浸渍含有叶黄素和胡萝卜素的果实。

标本瓶的封口方法有:①取蜂蜡和松香各 1 份,分别熔化后混合,加入少量凡士林调成糊状物,涂在瓶盖边缘,将盖压紧封口,此为临时封口法。②在 50%桃胶液中,加入一些石膏或水泥调成糊状,密封标本瓶口,此为永久封口法。

14.4 实验报告

采集并整理制作牧草上 20 种病害标本。

实验 15　牧草病害的田间调查方法

15.1　实验目的

了解植物病害的田间调查方法，掌握病害的发生、危害程度及防治效果的计算方法。

15.2　实验材料及用具

记录本、铅笔、尺子、计算机、计算器等。

15.3　实验内容及步骤

15.3.1　调查时期和次数

调查时期和次数应根据调查目的，结合病害发生时期和危害情况来确定。如果了解一般发生危害情况，则在发病盛期进行一次调查即可（如在苜蓿生长旺盛时期调查一次苜蓿丛枝病的发生情况）。如果观察病害的发生发展及症状的变化，就必须从播种到收获进行系统调查（如苜蓿霜霉病发生规律调查）。

15.3.2　取样方法

取样要有代表性。选点和取样数目由病害种类、性质和环境决定。为了使调查样点具有代表性，一般采用棋盘式、双对角线或"Z"形、点式取样等形式取样。避免在田边取样，排除边际影响。取样单位一般以面积或长度为单位，也可以植株株数或植株上的一定部位为单位。下面是常用取样方法示意图（图 15-1～图 15-4）。

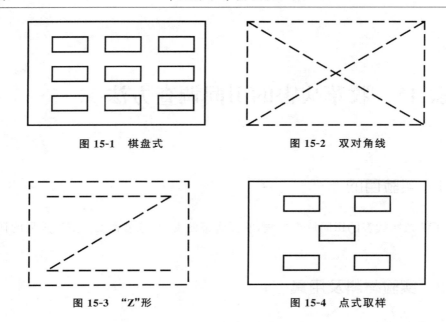

图 15-1　棋盘式　　　　　　　　图 15-2　双对角线

图 15-3　"Z"形　　　　　　　　图 15-4　点式取样

15.3.3　植物病害的计量

植物群体的发病程度可以用多种指标计量,其中最常用的有发病率、严重度和病情指数。

发病率是发病植株或植物器官(叶片、根、茎、果实、种子等)占调查植株总数或器官总数的百分率。

病害严重度表示植株或器官的罹病面积所占的比率,例如叶片上病斑面积占叶片总面积的比率。严重度用分级法表示,即根据一定的标准,将发病的严重程度由轻到重划分几个级别,分别用各级代表值或发病面积百分率表示。病害严重度分级标准的确定并非随意,而应有充分的根据,以便能准确反映发病的严重程度。例如以下病害分级标准:

表 15-1　苜蓿霜霉病的病情分级标准

级别	分级标准	代表值
Ⅰ	叶片被病斑覆盖的百分数为 0	0
Ⅱ	叶片被病斑覆盖的百分数小于 33.3%	1
Ⅲ	叶片被病斑覆盖的百分数为 33.3%～66.6%	2
Ⅳ	叶片被病斑覆盖的百分数大于 66.6%	3

表 15-2　苜蓿枯萎病的病情分级标准

级别	分级标准	代表值
Ⅰ	根部不变色	0
Ⅱ	根的髓部可见暗色纹线	1
Ⅲ	根的横切面上可见髓部有较小的暗褐色弧线或环	2
Ⅳ	髓部暗褐色弧或环带较大	3
Ⅴ	维管束全部变成暗褐色,病株仍存活	4
Ⅵ	病株枯死	5

表 15-3　苜蓿褐斑病的病情分级标准

级别	分级标准	代表值
Ⅰ	无病斑	0
Ⅱ	小叶病斑数 5 个以下;病斑直径≤1 mm	1
Ⅲ	小叶病斑数 6～10 个;病斑直径>1 mm,褪色	2
Ⅳ	小叶病斑数 11～20 个;病斑直径>2 mm,褪色或落叶	3
Ⅴ	小叶病斑数 20 个以上;病斑直径>3 mm,褪色,落叶,病斑中央有或无子囊盘	4

病情指数是全面考虑发病率与严重度两者的综合指标。

15.3.3　记载和统计分析

采用统一的记载标准对所调查的病害进行认真记载和统计。估计作物损失所用的数据,一般有发病率、病情指数和损失率。

$$发病率 = \frac{发病样本数}{调查样本数} \times 100\%$$

$$病情指数 = \frac{\sum(发病级值 \times 各级病株或病叶数)}{样本总数 \times 最高发病级值} \times 100\%$$

$$损失率 = 损失系数 \times 发病率$$

$$损失系数 = \frac{健株单株平均产量 - 被害株单株平均产量}{健株单株平均产量} \times 100\%$$

15.4　实验报告

　　在指定田块调查苜蓿霜霉病,每隔 5 m 左右,随手摘取 10 根枝条,以 100 根枝条为 1 个统计单位,3 个重复。每枝条由上而下取第 3 个分枝,摘下全部叶片,按苜蓿霜霉病分级标准分别记载各级的叶片数,计算发病率和病情指数。

实验 16   牧草病害化学防治实验设计

16.1   实验目的

针对牧草生产上的苜蓿霜霉病,学习药剂防治苜蓿叶部病害(苜蓿霜霉病)的方法,同时通过试验比较各种药剂的防治效果,筛选有效的防治药剂,为畜牧业生产服务。

16.2   实验材料及用具

(1)用具　天平、烧杯、玻棒、量筒、喷雾器、记载本、记号笔、铅笔、卷尺、标牌等。

(2)供试药剂　选取当地生产上推广的防治霜霉病的药剂和新药剂若干种,如甲霜灵、甲霜灵锰锌、霜霉威、霜疫锰锌、杜邦克露等。也可用复配制剂,如甲霜灵＋百菌清等。

16.3   实验内容及步骤

16.3.1   实验方法

(1)实验设计　每个实验小组分别设置 1 个不同的药剂处理,另设置 1 个清水对照。每个药剂处理重复 4 次,每小区面积 20～50 m²,各处理随机排列。每个实验小组在地块选择、喷药和病情调查时间上必须保持一致。

(2)施药时间和方法　①施药时间:在 4～5 月苜蓿霜霉病发生初期进行喷药。②施药方法:选择品种感病(如和田大叶品种)、田间生长一致且水肥条件较好的地块进行试验。根据实验方案,划分好 4 个重复和各个小区,并插好标牌。分别将各试验药剂按设计浓度配好药液(1 m² 约需 50 mL 药液),使用喷雾器进行均匀喷药。每种药液喷完后喷雾器要进行反复冲洗,以免互相影响。各小区在喷药时应设法进行隔离。本实验共施药 2 次,间隔 7~10 d。

16.3.2　调查记载与结果分析

(1)病情调查　本实验共调查 2 次,即在施药前调查病情基数,在最后一次施药后 7~14 d 分别调查各处理各重复小区的最终病情,计算病株率和病情指数。调查时每小区取 5 点,每点调查 10 根枝条,每根枝条由上而下取第 3 个分枝,摘下全部叶片,计算病情指数和发病率。将观察调查结果填入表 16-1。

表 16-1　不同药剂对苜蓿霜霉病防治效果调查表

处理	重复	调查叶数/片	发病叶数/片	各级病叶数/片				病株率/%	病情指数	防治效果/%	位次
				0	1	2	3				

(2)结果分析　对各个药剂处理和各重复的病情调查结果进行统计分析,计算防治效果,并比较各处理之间的差异。

有关计算公式:

$$病情指数增长率 = \frac{施药后的病情指数 - 施药前病情指数}{施药前病情指数} \times 100\%$$

$$防病效果 = \frac{对照区病指增长率 - 防治区病指增长率}{对照区病指增长率} \times 100\%$$

或:

$$防病效果 = \frac{对照区病情指增长率 - 防治区病情指数}{对照区病情指数} \times 100\%$$

$$增产率 = \frac{防治区产量 - 对照区产量}{对照区产量} \times 100\%$$

(当对照区病情指数施药后比施药前增加时,公式中用"+";减少时用"-"。)

16.4　实验报告

将调查结果整理后写出实验报告,比较不同药剂处理的防治效果,并就实验结果进行分析。

实验 17　啮齿类动物外部形态及骨骼系统观测

17.1　实验目的

(1)了解啮齿动物外形及骨骼特征。
(2)掌握啮齿类动物的主要分类方法。

17.2　实验材料与用具

(1)材料　草原啮齿动物标本(生态标本、骨骼标本),家兔标本。
(2)器材　解剖盘、解剖镜、放大镜、钝头镊子、游标卡尺、直尺、圆规及卫生防护用品等。

17.3　实验内容与步骤

(1)外形描述和体尺测量　对于鼠类的识别首先要从其体貌特征的描述开始。主要包括:①毛色:基本色,背、腹色,针毛色。②外形:体长,尾长,耳长,后足长。③综合描述:体形,尾,四肢,趾(指),跖,爪(表 17-1)。
(2)头骨和牙齿　头骨测量:颅全长,颅基长,上齿列长,齿隙长,听泡长、宽,眶间宽,鼻骨长,颧宽,后头宽。
门齿:形状,颜色,前缘表面有无纵沟,齿尖后缘有无缺刻,与上颌骨的角度。
臼齿:形状,数目,表面结构(齿嵴、齿突、齿环、分叶)。
齿式:用齿式的标准式标出一侧牙齿的数目。

表 17-1　啮齿动物分类的基本依据和方法

外部特征			头骨、牙齿结构					
毛色	背		头骨	颅全长		听泡宽		
	腹			颅基长		眶间宽		
	其他			上齿列长		鼻骨长		
体貌	体长			齿隙长		颧宽		
	尾长			听泡长		后头宽		
	耳长		牙齿	门齿	齿形	纵沟	缺刻	
	后足长			前臼齿	齿数	齿峰	齿突	
	其他			臼齿	齿数	齿峰	齿突	
				齿式				
综合描述								
鉴定结论	目		科		属		种	
鉴定人								
日期								

（3）目和主要科、属的鉴别

①啮齿目和兔形目的鉴别

啮齿目：小型或中型，上下各 1 对门齿；凿状；前臼齿≤2/1，臼齿 3/3。

兔形目：中、小型，上门齿 2 对（前大后小），具纵沟，前臼齿 3/2。

②兔形目主要科的鉴别

兔科：中型（≥500 mm），耳长、尾短，很明显；后肢明显长于前肢；颅骨侧扁，背面弧形。眶上嵴发达，颧骨向后延伸，略超过鳞骨颧突基部。

齿式：2·0·3·3

　　　1·0·2·3。

鼠兔科：小型（≤300 mm）；耳圆形，无尾或突起；后肢略长于前肢；颅骨背方较平直；额骨两侧无眶上嵴；颧弓后端延伸成很长的剑状突起，直至听泡前缘。

齿式：2·0·3·2

　　　1·0·2·3

③啮齿目主要科的鉴别

松鼠科：颊齿 5/4；臼齿咀嚼面平滑。

仓鼠科：颊齿 3/3(无前臼齿)；第一和第二上臼齿的咀嚼面上有 2 纵列齿突，或围以各种形式的釉质齿环。

鼠科：颊齿少于 5/4；第一和第二上臼齿的咀嚼面有 3 纵列齿突，或被釉质分割为横列的板条状。

跳鼠科：颊齿 4/3；臼齿咀嚼面平滑；后肢长为前肢的 2～4 倍；尾长，多有毛束。

17.5　实验报告

(1)比较并概括啮齿动物外部形态及骨骼系统的主要特点。
(2)描绘啮齿动物头骨。

实验 18　啮齿动物解剖及主要器官系统观察

18.1　实验目的

(1)了解啮齿动物消化系统和生殖系统结构。
(2)掌握啮齿动物的解剖方法。

18.2　材料与用具

(1)材料　雄性成兔,雌性成兔。
(2)用具　成套解剖器械、乳胶手套、放大镜、解剖镜、75%酒精、解剖盘、线绳、注射器(15 mL)及针头、脱脂棉、骨剪。

18.3　实验步骤

18.3.1　实验动物处死

将兔置于解剖盘内或实验室的地面上,在耳缘静脉处插入针头,注射进 $10\sim20$ mL 空气,几分钟内兔即可死亡。注意从耳缘静脉的远端开始注射。也可以用乙醚熏或断颈法处死活兔。

18.3.2　解剖

处死兔仰置于解剖盘中,用线绳固定四肢,用棉花蘸清水润湿腹部正中线的毛,然后自生殖器开口稍前方处,提起皮肤,沿腹中线自后向前把皮肤纵行剪开,直达下颌底为止。然后再从颈部将皮肤向左、右横向剪至耳廓基部。以左手持镊子夹起颈部剪开的皮肤边缘,右手用解剖刀小心地清除皮下结缔组织。按下列顺序进行观察。

1. 消化系统

(1) 唾液腺　兔有 4 对唾液腺。①腮腺(耳下腺)：位于耳壳基部的腹前方，紧贴皮下，剥开皮肤即可看见。腮腺为不规则的淡红色腺体，形状不规则，其腺管开口于口腔底部。②颌下腺：位于下颌后部腹面两侧，为 1 对卵圆形的腺体。其腺管开口于口腔底部。③舌下腺：位于左右颌下腺的外上方，为 1 对较小，呈扁平条形淡黄色腺体。用镊子将舌拉起，将舌根部剪开，使之与下颌分离，在舌根两侧即可找到。④眶下腺：位于眼窝底部前下方，呈粉红色。

(2) 口腔　沿口角将颊部剪开，清除一侧的咀嚼肌，并用骨剪剪开该侧的下颌骨与头骨的关节，即可将口腔全部揭开。口腔的前壁为上下唇，两侧壁是颊部，上壁是腭，下壁为口腔底。口腔前面牙齿与唇之间为前庭。位于最前端的 2 对长而呈凿状的牙为门牙；后面各有 3 对短而宽且具有磨面的前臼齿和臼齿。在口腔顶部的前端，用手可摸到硬腭；后端则为软腭。硬腭与软腭构成鼻通路。口腔底部有发达的肉质唇。舌的前部腹方有系带，将舌连在口腔底上。舌的表面有许多小乳头，其上有味蕾。舌的基部有一单个的轮廓乳头。

(3) 咽部　咽位于软腭后方背面。由软腭自由缘构成的孔为咽峡。沿软腭的中线剪开，露出的腔是鼻咽腔，为咽部的一部分。鼻咽腔的前端是内鼻孔。在鼻咽腔的侧壁上有 1 对斜的裂缝是耳咽管的开口，此管可通中耳腔。咽部后面渐细，连接食管。食管的前方为呼吸道的入口。此处有 1 块叶状的突出物，称会厌(位于舌的基部)。食管物通道与气体通道在咽部后面进行交叉，会厌能防止食物进入呼吸道。

(4) 喉头、气管和肺　①喉头：将颈部腹面的肌肉除去，以便观察。喉头为一软骨构成的腔。喉头顶端有一很大的开口即声门。喉头的背缘有会厌。会厌的背面为食管的开口。喉头腹面的大形盾状软骨为甲状软骨。其后方为围绕喉部的环状软骨。环状软骨的背面较宽，其上有 1 对小的突起为勺状软骨。喉头腔内壁上的褶状物为声带。为了继续观察须剪开颈部后面的肌肉，并打开胸腔。用骨剪剪开肋骨，除去胸骨，即可观察胸腔的内部构造。②气管：由喉头向后延伸的气管，管壁由许多软骨环支持，软骨环的背面不完整，紧贴着食管。气管向后伸分成 2 支进入肺。在环状软骨的两侧各有一扁平椭圆形的腺体为甲状腺。③肺：气管进入胸腔后，分 2 支入肺。每支与肺的基部相连。肺为海绵状器官，位于心脏两侧的胸腔内。

(5) 消化管　①食管：位于气管背面，由咽部后行伸入胸腔，穿过横隔膜进入腹腔与胃连接。②胃：为一扩大的囊，一部分为肝脏所遮盖。食管开口于胃的中部。胃与食管相连处为贲门；与十二指肠相连处为幽门。胃分为两部分：左侧胃壁薄而透明,呈灰白色,黏膜上有黏液腺;右侧胃壁的肌肉质较厚,且有较多的血管,故呈红灰色。黏膜上有纵行的棱和能分泌胃液的腺体。在胃的左下方有一深红色的条状腺体为脾脏。属淋巴腺体。③肠管:肠管的前端细而盘旋的部分为小肠;后段为大肠。小肠又分为十二指肠、空肠和回肠;大肠则分结肠和直肠。小肠和大肠交界处有盲肠。十二指肠在胃的幽门之后,弯折并向右行,接近肝脏的一侧有总肝管注入。在其对侧有胰管注入。空肠和回肠在外观上没有明显的界限。十二指肠后端为空肠,再后为回肠。盲肠是介于小肠和大肠交界处的盲囊。草食性动物的盲肠较发达;肉食性动物则退化。结肠的肠管上有由纵行的肌肉纤维形成的结肠带,将肠管紧缩成环结状,故名为结肠。结肠又分为升结肠、横结肠和降结肠 3 部,按其自然位置即可区别。大肠的最后端为很短的直肠,直肠开口于肛门。

(6)消化腺　前面介绍的唾液腺也是消化腺。下面讲的是分布在消化管外,有导管通消化管的消化腺。①肝脏:为体内最大的消化腺体,位于腹腔的前部,呈深红色。分为 6 叶,即左外叶、左中叶、右中叶、右外叶、方形叶和尾形叶。在尾形叶与右外叶之间有动脉、静脉、神经和淋巴管的通路,称为肝门。兔的胆囊位于肝的右中叶的背侧,胆汁沿胆管进入十二指肠。②胰脏:散存于十二指肠的弯曲处,是一种多分支的淡黄色腺体。有 1 条(大白鼠有数条)胰腺管开口于十二指肠。

2.泄殖系统

(1)排泄系统　肾脏为紫红色的豆状结构。位于腹腔背面,以系膜紧紧地连接在体壁上。由白色的输尿管连于膀胱。肾脏前方有一小圆形的肾上腺(内分泌腺)。尿经膀胱通连尿道,直接开口于体外。剪下一侧肾脏。沿侧面剖开,用水冲洗后观察。外周部分为皮质部,内部有辐射状纹理的部分为髓质部。肾中央的空腔为肾盂。从髓质部有乳头状突起伸入肾盂。尿即经肾乳头汇入肾盂,再经输尿管进入膀胱背侧。

(2)生殖系统　①雄性:睾丸为 1 对白色的卵圆形的器官。在繁殖期下降到阴囊中;非繁殖期则缩入腹腔内。阴囊以鼠蹊管孔通腹腔。在睾丸端部的盘旋管状构造为副睾。由副睾伸出的白色管即为输精管。输精管经膀胱后面进入阴茎而通体外。在输精管与膀胱交界处的腹面,有 1 对鸡冠状的精囊腺。横切阴茎,可见位于中央的尿道,尿道周围有两个富于血管的海绵体。②雌性:在肾脏上方的紫黄色带有颗粒状突起的腺体为卵巢。卵巢外侧各有 1 条细的输卵管。输卵管下端膨大部分为子宫。两侧子宫结合成"V"形,经阴道开口于体外。

18.4　实验作业

(1)家兔的消化系统有何优点？食物是如何消化的？营养物质是如何吸收的？

(2)啮齿动物的盲肠有何特征？盲肠在啮齿动物的食物消化中有何重要意义？

实验 19　啮齿动物标本制作

19.1　实验目的

了解啮齿动物标本制作过程,学习并掌握标本制作中活鼠处理、剥皮、填装及标本保存等各个环节的方法和技能。

19.2　实验材料和用具

(1)材料　活鼠或新鲜的鼠尸,鼠袋或鼠笼。

(2)用具用品　①用具:解剖工具(刀、剪、镊、骨钳、解剖盘、解剖针等)、电子秤、钢卷尺、试管、试管刷、梳子、标本瓶、桶(带盖)、锤子、手钳、台板等。②用品:手术室帽子、口罩、乳胶手套等卫生防护用品。脱脂棉、滑石粉、细铁丝、塑料泡沫、海绵、棉花、锯末、钉子、大尖针、针、线等用品。

(3)化学试剂及药品　乙醚(或氯仿),三氧化二砷(砒霜),硫酸铝钾(明矾),樟脑($C_{10}H_{16}O$),硼酸(H_3BO_3),苯酚(来苏水),乙醚、消毒酒精、氯仿、福尔马林、肥皂粉、过氧化氢、3%~5%漂白粉液等。

19.3　实验步骤

19.3.1　实验准备

(1)将捕获的鼠装入鼠袋中,并附采集时间和地点的卡片。

(2)处死活鼠可用粗长针经耳孔刺入延脑深处即可。将活鼠或鼠尸放入带盖的桶中,加入适量的乙醚或氯仿,以杀虫灭蚤。死鼠血液凝固之后方可开始操作。

(3)防腐剂的配制:① 砒霜防腐粉。砒霜、明矾、樟脑按2:7:1研成粉末,混匀即可。②硼酸防腐粉。将硼酸粉、明矾粉、樟脑粉按5:3:2混匀即可。

19.3.2   标本制作

1.假剥制标本

(1)剥皮   ①将鼠尸仰卧于解剖盘上,头向右,尾向左。用左手拇指和食指轻轻提起腹部皮肤,在腹中线胸骨后缘用剪刀剪一小口,再用剪刀尖沿腹中线向后剪开皮肤直至肛门(不可过深,以免剪开腹肌露出内脏)。②把解剖刀柄伸入切口将皮与肌肉分开,慢慢将左、右后肢胫骨推向切口露出膝盖骨,在此用骨剪剪断骨骼和肌肉,再轻轻地把小腿拉出到足跟部为止。此时小腿的毛已向内翻,把小腿上的肌肉仔细剔除。③仔细剪断生殖孔和肛门基部的肌肉,再将尾基部的肌肉与韧带剪断,使尾基部四周离开皮肤。用一只手捏紧尾基部的毛皮,用另一只手将尾椎慢慢抽出。④将鼠皮反转,把胴体后半部慢慢从切口中退出,并自后向前逐段退出躯干及前半部,露出肩胛时,在肘关节处剪断骨骼和肌肉,依次将左、右前肢的皮翻转至掌部,仔细剔除前肢上的肌肉。⑤在紧贴听泡处切断耳根。在皮与眼球之间有一白环(眼睑),从眼睑到眼球之间剪开(勿损坏眼睑)。沿下颌牙齿基部慢慢地将皮肤与下颌骨分开。剥上唇时,先剥口角和鼻部后缘,再剥鼻尖,最后沿上颌牙齿基部将皮肤与上颌骨分离。至此,鼠皮与酮体完全分离。⑥剔除残留在鼠皮上的肌肉和脂肪。

(2)消毒与防腐处理   先用毛笔蘸石炭酸(苯酚)涂在四肢和头部的骨骼上,但不要涂至皮肤上。然后再给皮肤里面均匀涂抹一层防腐剂(砒霜防腐粉或硼酸防腐粉)。

(3)填装标本   ①用细铁丝做一个假尾椎,比原尾椎长 5～10 cm,用棉花缠紧,粗细与原尾相同。将假尾椎慢慢穿入尾巴皮筒代替原尾,长出部分压在体躯中,有利于固定尾部。②将四肢骨缠上棉花代替肌肉,粗细与原四肢相似,将全皮整理放平。③体躯和头部用棉花、海绵或塑料泡沫填充,形成假体。先填装头部和颈部,再依次填装前肢的内外网侧和胸部、后肢和臀部、腹部。用镊子夹紧棉花慢慢装填。注意调整各部分结构和比例关系。头部装填不足时可从口中补填和调整。肩部要衬出,胸部不能填装过多,要显示出臀部。整体装填应略大于原体(使标本干缩以后与原体大小相同)。④将腹部切口由前往后用针线缝合,缝合口唇,形成一个完整的假体鼠标本。⑤将做成的鼠标本整理后在后足上拴上标签。⑥用大头针将标本固定在平板上,前肢向前伸,与颈平行,紧靠胸部,掌面朝下。后肢向后伸,掌面向上,尾巴必须垂直,放在阴凉处晾干。⑦待做好的鼠标本半干时用手捏捏,调整体型,用镊子将眼球鼓圆,耳展开,摆正胡须,再用软毛刷将毛刷顺、刷干净,使身体各部位结构协调,与活体相似。

（4）头骨处理　①从颈部剪下头骨，用水煮 10～20 min。②剔除头骨上的肌肉和脂肪，摘除眼球，用棉签掏出脑髓。洗净头骨后再用过氧化氢（双氧水）浸渍数分钟，待头骨变白取出，水洗晾干。也可将头骨放入 3%～5% 的漂白粉液中漂白。③在头骨顶部和下颌骨一侧标注编号，并将头骨标本装入小塑料袋，拴在同号标本的左后肢上。

2. 生态标本

制作方法基本同假剥制标本，不同之处：①剥皮时腹部开口要稍长些，以便于整理前肢。②剥皮时翻剥至鼻骨末端，不能将头骨从上、下唇上剪开，使头骨仍连在皮上。但头骨上的肌肉、眼珠、脑髓要剔除干净。③选 3 根粗细与标本大小相称的细铁丝，1 根作为头、躯干和尾的支柱（主轴），另外 2 根采用对角线式穿入前肢与后肢，3 根铁丝中段拧在一起增加固定效果。④按头、颈、躯、尾长度比例截取已拧好的主轴细铁丝。将用作尾椎的一端用棉花或线缠紧留作假尾椎，将主轴细铁丝的前端经脑腔直插鼻腔处。从枕骨孔处塞进棉花，待塞实后，再在相当于颈部处缠上棉花，粗细与活鼠的相当。将作为四肢的细铁丝（尖端事先要用钢锉磨尖）分别插入四肢骨骼中，把穿入四肢的铁丝与保留的肢骨一起用棉花缠上，粗细与原四肢相同，最后穿尾椎。至此全部支架已装好，开始装填充物（肥瘦同原标本），最后缝合切口。⑤在眼眶内先涂上油泥等固定粘着剂，再嵌入拟眼，整好眼眶。⑥按该鼠种的生活原形调整体态和姿势等，确定固定方式。

3. 浸渍标本

鼠类的浸渍常用于胚胎和各种组织器官。常用的浸渍液多为 5%～10% 福尔马林或 70% 酒精液浸泡。浸渍前用清水洗净浸渍物。对较大个体的腹腔和胸腔应注入浸渍药物，或在腹部剪一小口，以使浸渍药物能很快进入腹腔，防止腐烂。开始浸泡一周后更换一次浸渍液，即可永久保存。每年换一次浸渍液可确保标本永不变质。

19.4　实验报告

（1）制作啮齿动物假剥制标本的步骤、方法。

（2）如何保存标本？标本有何功能？

（3）标本制作有几种，各是什么？

实验 20 常用杀鼠剂致死中量(LD_{50})的测定

20.1 实验目的

通过实际操作,掌握测定和观察常见杀鼠剂的致死中量、适口性、再遇拒食、蓄积中毒、耐药性和残效期的基本方法,熟悉实验过程中的关键技术和技术原理。

20.2 实验材料和用具

(1)材料 草原优势种害鼠或小白鼠、大白鼠。

(2)用具 捕鼠笼、养鼠笼、鼠袋、镊子、电子天平、容量瓶、腰椎穿刺针头及注射器(1 mL 或 0.5 mL)、试验登记表、常用杀鼠剂、饵料盒、消毒杀虫剂、卫生及防护用品等。

20.3 实验步骤

本试验按测定和观察致死中量、适口性、再遇拒食、蓄积中毒、耐药性和残效期 6 个步骤进行。

20.3.1 测定致死中量

(1)实验动物 以某种草原优势种害鼠(高原鼠兔、布氏田鼠、长爪沙鼠、子午沙鼠等)为试验对象(室内也可用小白鼠代替)。活鼠饲养 5 d,除去孕、幼、伤、残、病鼠,再随机分组(10~15 组)。每组 5~10 只,雌、雄各半,各组个体间体重基本相等。

(2)分组与剂量 各组用药剂量成等比级数。对没有致死中量记载的杀鼠剂可先按 1 mg/kg、10 mg/kg 和 100 mg/kg 三组测出致死中量的大致范围,再根据初试结果更换受试动物继续设组试验。如果所选杀鼠剂已有致死中量记载,则按

0.25、1.0 和 4.0 三个致死中量设组,并根据试验中死亡情况再考虑加组或插组。得到死亡率接近 0 和 100%(最高组不低于 80%,最低组不高于 20%)的 4 组以上结果时,即可开始计算。加组就是按原有剂量比向上或向下加组。插组时须先行计算新的剂量比,再用新剂量比乘原低剂量组的剂量,即得插入组的剂量。

计算方法:

若相邻两组间欲插入 C 组,X 为原剂量比,则新剂量比 Z 为:

$$Z = \sqrt[c+1]{X}$$

例:拟在 10 mg/kg 和 20 mg/kg 两组之间加 1 组,求新剂量比和插入组剂量。

$$X = 20/10 = 2 \qquad Z = \sqrt[1+1]{2} = 1.414$$

插入组的剂量为:

$$10\ \text{mg/kg} \times 1.414 = 14.14\ \text{mg/kg}$$

(3)药品稀释和投药量计算

一般粉状药物常用滑石粉或可溶性淀粉稀释。吸潮药物和液态药物常用加水溶解或稀释。药物稀释后的浓度有一定限度,以免应给的总药量过大,造成鼠口或鼠胃容纳不下。配药时应按操作规程进行,用分析天平准确称量,稀释药粉时,如果稀释倍数较大,为了混合均匀,可分阶段逐次稀释。配制溶液时最好使用容量瓶。

经验证明,鼠每重 10 g,口腔中可容纳药粉 2 g,胃内可灌入药液 0.1~0.2 mL。这是一个很简单的比例。如果在投药时固定地运用这个比例(表 20-1),可以大大减轻投药时的繁琐计算,便于消除许多人为误差。

粉剂给药总量(mg) = 200×鼠体重(kg) = 0.2×鼠体重(g)

液剂给药总量(mg) = 20(或 10)×鼠体重(kg) = 0.02(或 0.01)×鼠体重(g)

为保证稀释后的浓度与上述比例相一致,还应计算出稀释后的浓度。

粉剂稀释后的浓度 = 本组剂量(mg/kg)/200 ×100%

液剂稀释后的浓度 = 本组剂量(mg/kg)/200×100%

例:在剂量为 1.0 mg/kg 的剂量组中,体重为 55 g、48 g 的沙鼠应给何种浓度的药粉若干?

解:先决定稀释后浓度

浓度 = 1.0/200×100% = 0.5%

55 g 的沙鼠应给药量 = 0.2×55 = 11(mg)

48 g 的沙鼠应给药量 = 0.2×48 = 9.6(mg)

表 20-1　常用剂量比例

剂量比	各组剂量/（mg/kg）								
	1	2	3	4	5	6	7	8	9
1：1.26	1.000	1.260	1.588	2.000	2.520	3.176	4.000	5.040	6.352
1：1.414	1.000	1.414	2.000	2.824	4.000	5.656	8.000	11.312	16.000
1：1.442	1.000	1.442	2.080	3.000	4.326	6.240	9.000	12.978	18.720
1：1.732	1.000	1.732	3.000	5.196	9.000	15.588	27.000	46.764	81.000

（4）投药

灌粉　试鼠先装入布袋，紧捏袋口，待鼠头伸至袋口附近时用手按住，随即捏牢颈背皮肤，翻开口袋，露出鼠头，用布袋裹住鼠的前肢和躯干，然后用镊子从齿隙处塞入鼠口，压住舌头，将口撑开。另一人站对面，一手固定鼠的前肢，另一手将药（用 3 cm×3 cm 的纸对折一缝，药粉放在缝中）倒入鼠口近咽喉部即可。

灌液　用 1 mL 或 0.5 mL 的注射器，配上尖端磨钝的腰椎穿刺针头。一般左手拿鼠，中指顶住鼠的腰背部，使其食道尽可能伸直。右手持注射器，缓缓将针头插入食道。先向背侧靠紧，随即稍向腹侧挑起，即可伸入胃中，将药液注入。若注射过程中鼻孔冒泡，表示误入气管，灌药失败，此鼠应予以废弃。

投药后照常饲养，观察 5 d（抗凝血剂应观察 10 d 以上）。记载投药及死亡情况，记录格式如表 20-2 所示。

表 20-2　LD$_{50}$ 测定记录表

药名＿＿＿＿＿　来源及批号＿＿＿＿　稀释剂＿＿＿＿＿　实验动物＿＿＿＿　来源＿＿＿＿

实验时间 始＿＿ 年 ＿＿ 月 ＿＿ 日；终＿＿ 月＿＿ 日　　实验地点＿＿＿＿

组别	药物		实验动物		实际投药量	投药时间	是否死亡及死亡时间	其他
	剂量	稀释后浓度	体重	性别				

（5）计算　按教材介绍方法，依次计算 LD_{50}，标准误（S_{50}）、95% 可信限（d_{50}）。同时做出剂量对数与死亡率概率单位（Y）的回归方程。如果要比较两个致死中量（LD_{50} 与 LD_{50}）的差异显著性，还应进行 t 测验。

20.3.2　测定适口性（接受性试验）

适口性试验方法比较多，试鼠可以单饲或群饲，可以只投以毒饵统计死亡率（无选择性试验），也可以投以毒饵和无毒对照饵，统计摄食系数和死亡率（选择性试验）。除实验室试验外，还可以在灭鼠现场进行试验。

有选择试验的方法：毒饵浓度可有两种选择，实际的使用浓度和可能的适用浓度。野鼠的可能适用浓度为 $LD_{50} \times 0.20\%$；家鼠的可能适用浓度为 $LD_{50} \times 0.05\%$。

每组动物 20～30 只，将毒饵和无毒对照饵分别放在相同的盛饵容器中，放入同一鼠笼，每 2～4 h 将毒饵和无毒饵的位置对调 1 次，8～24 h 后，分别统计毒饵和无毒饵的消耗量。试鼠仍正常饲养，观察并记录其死亡情况，计算摄食系数和死亡比。

$$摄食系数 = 毒饵消耗量/对照饵消耗量$$

$$死亡比 = 毒死鼠数/试鼠总数$$

一般认为，摄食系数大于 0.3 者，表示适口性好。摄食系数在 0.1～0.3，表示适口性尚可。小于 0.1 者，适口性较差。若小于 0.01，则不宜使用。死亡比大于 8.5/10 为效果好，若低于 5/10，则效果差。如果同一试验重复若干次，可以算出食饵消耗量的平均数及标准差，进一步用成对比较法检验毒饵与空白对照饵适口性的差异；亦可用同法比较两种毒饵的适口性。

如果测得某种药物各浓度梯度的摄食系数，可以探测毒饵浓度改变时，毒饵适口性随之而产生变化的趋势，并借以选择最适浓度。

20.3.3　观察再遇拒食

试鼠分两组，每组 20～30 只，一组先投亚致死量毒饵（如 0.25 个 LD_{50}），4～6 h 后取去。3 d 后，两组同时投给致死浓度的毒饵和无毒饵，放 3 d 后取去。比较两组摄食系数和死亡比。

20.3.4　观察蓄积中毒

（1）方法一　用每组 20～30 只鼠做试验。适口性较好的杀鼠剂，用实际灭鼠浓度 1% 的毒饵饲鼠，逐日记录毒饵消耗量，观察、记录试鼠健康状况，直到试鼠死亡或食毒累积量等于 3 倍 LD$_{50}$为止。若累计服药达 3 倍 LD$_{50}$而鼠无病状,则可视为累积中毒不明显。

(2)方法二　用每组 20～30 只鼠做试验。动物正常饲养,每隔 48 h 或 72 h 灌亚致死量药物 1 次(浓度可试用 1/4 LD$_{50}$),共灌 5 次,再灌一个致死中量的药物,记录死亡率。同时,另用一组动物事先不灌药,在试验组灌致死中量药物时,也灌以一个致死中量的药物,记录死亡率.最后将两组结果加以比较。

20.3.5　观察耐药性

用两组试鼠,每组 20～30 只。一组先投亚致死量药物,3～5 d 后两组均给 LD$_{50}$的药物,比较死亡率。

20.3.6　观察残效期

配置致死浓度的毒饵,内吸性药物可用灭鼠时用药量喷洒小片草场,每隔一定时间(5 d、10 d、15 d、20 d 等)用毒草或毒饵饲鼠(每组可用 4～5 只),观察死亡情况。

20.4　实验报告

(1)按本实验教材介绍的方法和试验数据,依次计算 LD$_{50}$,标准误(S$_{50}$)、95% 可信限(d$_{50}$),作出剂量对数与死亡率概率单位(Y)的回归方程。

(2)熟悉致死中量(LD$_{50}$)、杀鼠剂的适口性、再遇拒食、蓄积中毒、耐药性和农药残效期等概念。

(3)"加组"和"插组"两者计算方法有何不同?

参 考 文 献

[1] 陈崇征.昆虫趋化性及其应用.广西林业科学,2000,29（3）:119-121.

[2] 陈静,王芙兰,胡梅芳,等.分布型指数法及抽样技术在甜菜田草地螟幼虫预测预报中的应用.中国糖料,2012,4:33-36.

[3] 董会,杨广玲,孔令广,等.昆虫标本的采集、制作与保存.实验室科学,2017,20（1）:37-39.

[4] 冯宇倩,宗世祥,王锦林.昆虫越冬虫态及耐寒策略概述.中国农学通报,2014,30（9）:22-25.

[5] 康爱国,杨海珍,李强,等.草地螟越冬代虫量与第一代草地螟发生关系的研究.昆虫知识,2004,40（1）:70-72.

[6] 李洪连,徐敬友.农业植物病理学实验实习指导.北京:中国农业出版社,2001.

[7] 刘长仲.草地保护学.北京:中国农业大学出版社,2009.

[8] 刘荣堂,武晓东.草地保护学实验实习指导.北京:中国农业出版社,2009.

[9] 马健皓,杨现明,梁革梅.昆虫的趋光性与杀虫灯的应用.中国生物防治学报,2019,35（4）:655-656.

[10] 琪琪格.草地螟虫的危害及防治措施.湖北畜牧兽医,2015,36（7）:49-50.

[11] 乔鲁芹,张小娣.粉虱玻片标本制作方法的改进.昆虫知识,1997,34（5）:309.

[12] 涂雄兵,杜桂林,李春杰.草地有害生物生物防治研究进展.中国生物防治学报,2015,31（5）:780-788.

[13] 王小强,胡靖,陈威,等.高山草原蝗虫空间格局及抽样技术研究.中国草地学报,2013,35:92-97.

[14] 吴维均,康毓醉,蔡宁.玉米心叶期玉米螟卵块的分布型及其在实践上的应用.昆虫学报,1965,14:515-522.

[15] 张龙,严毓骅.以生物防治为主的蝗灾可持续治理新对策及其配套技术体系.中国农业大学学报,2008,13（3）:1-6.

[16] 张云慧,陈林,程登发,等.草地螟 2007 年越冬代成虫迁飞行为研究与虫源分析.昆虫学报,2008,51（7）:720-727.

[17] 章士美.昆虫越冬虫态多样性分析.江西植保,1998,21（3）:27-28.

[18] 赵震宇,李春杰,段廷玉,等.草类植物病害诊断手册.南京:江苏凤凰科学技术出版社,2015.

[19] 朱进忠.草业科学实践教学指导.北京:中国农业出版社,2009.